这些年，我吃的都是急性子的亏

张笑恒
— 著 —

百花洲文艺出版社
BAIHUAZHOU LITERATURE AND ART PRESS

图书在版编目（CIP）数据

这些年，我吃的都是急性子的亏 / 张笑恒著．— 南昌：百花洲文艺出版社，2018.12（2024.7 重印）
ISBN 978-7-5500-3119-7

I. ①这… II. ①张… III. ①人生哲学 – 通俗读物 IV. ① B821-49

中国版本图书馆 CIP 数据核字（2018）第 263570 号

这些年，我吃的都是急性子的亏

张笑恒 著

出版人　陈　波
责任编辑　蔡央扬
封面设计　末末美书
版式设计　张文艺
出版发行　百花洲文艺出版社
社　址　南昌市红谷滩区世贸路898号博能中心一期A座20楼
邮　编　330038
经　销　全国新华书店
印　刷　三河市兴达印务有限公司
开　本　720 mm × 1000 mm　1/16　印张　14.5
版　次　2018年12月第1版
印　次　2024年7月第2次印刷
字　数　198千字
书　号　ISBN 978-7-5500-3119-7
定　价　45.00元

赣版权登字：05-2018-498

网址　http://www.bhzwy.com
图书若有印装错误，影响阅读，可与承印厂联系调换。

前言

有传媒界“话题发源地”之美誉的杂志《新周刊》上曾这样描述：“中国人爱着急，最爱‘快进’，狂点‘刷新’。评论，要抢‘沙发’；寄信，最好是特快专递；拍照，最好是立等可取；坐车，最好是高速公路、高速铁路、磁悬浮；坐飞机，最好是直航；做事，最好是名利双收；创业，最好是一夜暴富；结婚，最好有现房现车；排队，最好能插队。若不能，就会琢磨，为什么比我快呢？”在时代的催逼下，我们都成了急性子。

因为性子急，我们患上了匆忙的疾病。工作、吃饭和睡觉几乎成了我们的唯一。我们看不到美好的事物，闻不到诱人的芬芳；别说养狗，养条鱼都没时间，养花也无暇顾及；旅游简直是痴心妄想，就连附近的公园开没开花都不知道。

因为急躁，我们变得越来越浮躁，做什么事都静不下心。当我们连小事都敷衍时，做大事的机会当然就不愿意来了。

因为性子急，我们总是忍不住发脾气，以至于人际关系越来越僵，得罪了很多人，最后得不偿失。

因为性子急，我们做了很多错误的决定，致后悔莫及。

生活不是一场“手快有、手慢无”的游戏，这些年，我们可谓吃尽了急性子的亏。那么，如何才能避免未来吃更多的亏呢？本书用事实告诉我们：

凡事可以赶，但不要急。不论是生活还是工作，我们都追求“快”“赶”，这都是因为我们希望尽快把事情做完。有句俗语是这样说的：“吃紧弄破碗。”当我们越紧张的时候越是想要更快，事情反而变得更糟。

“一动不如一静”。我们要集中精神，储存能量，把精力放在一件事情上，会更有效率。越是紧张的时候越需要放慢脚步，看看周围的环境，再来决定是否要继续完成工作。

最短的路未必最快。每个人都希望走比较短的路，让自己更快地处理完事情，或者达到自己的目标。然而，路虽然是最短的，但是并不一定是最快的。买彩票虽然中奖率高，却有很多人赌上了全部身家。我们的人生路漫漫，没必要操之过急，要选一条最快的路，而不是最短的路。

成功就是每天进步一点点。“成功不是一蹴而就的，如果我们每天都能让自己进步一点点，哪怕是每天1%的进步，那么还有什么能阻挡得了我们最终走向成功呢？”哈佛的这句至理名言让我们明白，我们只要今天超越了昨天的自己，那就是一种成功。滴水亦可穿石，我们应该有更大的恒心和毅力超越昨天的自己。

不慌不乱，冷静才能取胜。很多急性子的朋友都会发现，自己遇到事情，尤其是比较着急的事情的时候就会非常慌乱，最后事情也处理得很不好。我们要养成不慌不忙的习惯，遇事冷静，沉着方可取胜。

优秀之前，别谈人脉。急性子的人总是急于成功，大学才毕业就忙着去结识大人物，拓展人脉圈。然而，事实上，你要到了名片，认识了行业内的大咖，但也仅仅限于认识他们，他们并没有意向与你结交。所以，不要着急建立自己的人脉圈，只有当自己足够优秀的时候，你才有“资格”谈人脉。

默默奋斗，耐住寂寞才能赢。想要取得自己想要的结果，就要有排除烦躁的毅力，也要有排除干扰的决心和行动，更要有耐得住寂寞的耐性，自己静下心来脚踏实地、认认真真地做事，不被寂寞所吞噬。我们不能随着世界的变化而变化，应该慢下来，这是一份从容淡定，也是一份坚守坦然。

慢慢走，真正的美好都是细水长流的。慢下来可以欣赏身边的风景；可以去找朋友聚会，急性子虽然忙，但是二十四小时的时间不会差别人一秒钟；或许，我们可以悠闲地坐在公园的长椅上，望着蓝天，听着鸟鸣，忘掉烦恼和忧伤。这都是生活，而我们为什么要长期泡在快节奏里不能自拔呢？

古有陶渊明“采菊东篱下，悠然见南山”的怡然，现如今，能够安适自在地存于天地间的人物却鲜有，大部分的人都在过着快生活，恨不得把一秒钟掰成两秒钟来用。

真正的美好都是细水长流的。慢慢走，你才会发现世界本色是暖色的。

目录

第一章　快速成功带来快速折旧

第二章　越着急要，越得不到

第三章　冲动之下的决定多半会后悔

第四章　凡事可以赶，但不要急

第五章　永远不要追着别人跑

第六章　成功就是每天进步一点点

第七章　不慌不乱，冷静才能取胜

第八章　说话不经思虑的人情商低

第九章　别急，你要的爱情正在派送中

第十章　优秀之前，别谈人脉

第十一章 默默奋斗，耐住寂寞才会赢

第十二章 慢慢走，真正的美好都是细水长流

第一章

快速成功带来快速折旧

1.看起来“沧桑”，是因为活得太着急了

刚毕业，我们就急着买车买房，急着结婚生子，急着要一个CEO之类的职务……尤其是当看到身边同龄的朋友一个个功成名就了，例如某同学现在是一个公司的总经理，某同学已经是派出所的副所长，某同学的公司已经上市新三板……看到别人的光鲜，我们就更加着急，吃不下饭，睡不着觉。

我们恨不能一日千里、不吃不喝不睡地去追赶前面的人。20岁时就已经想要40岁的收获，本来需要10年走完的路，计划要在3年内走完。过度的身体透支，容貌也受损耗。所以，明明才20多岁看起来却像40岁的大叔，被人戏称为“长得太着急”。

但欲速则不达，做事一味地追求速度，只会让我们筋疲力尽，离目标更远。

有一位血气方刚的少年，一心想早日成名，于是拜一位剑术高人为师。

师傅认真地传授给他剑术，他迫不及待地问师傅：“我需要用多久才能学成？”

师傅不动声色地答曰：“十年。”

少年又问：“如果我全力以赴，夜以继日地练呢？”

师傅回答：“那就要三十年。”

少年又问：“如果我拼死修炼呢？应该不会太长时间了吧？”

师傅淡淡回答：“七十年。”

做事急于求成，就像饥饿的人乍看到食物，易狼吞虎咽地吞食，反而会引起消化不良。所谓“心急吃不了热豆腐”。

北京大学光华管理学院经济学教授张维迎，在北大毕业典礼上发表演讲说：“作为北大的学子，我不担心你们没有远大的抱负，但很担心你们急于求成！”

世上任何事情都不可能一蹴而就，只有经过长时间的坚持和努力，不断地积累能力，才能最终获得成功。我们看到了大咖们获得的鲜花和掌声，却没看到他们日积月累的点滴努力。

豆瓣红人“特立独行的猫”，原名赵星，她的《不要让未来的你，讨厌现在的自己》一书火了！

同时，她还拥有不少名头，比如“新浪教育求职频道特约作者”“开复学生网成长顾问”“星光成长计划创始人”等。

23 岁大学毕业，她和所有的毕业生一样迷茫。她在第一家公司上班的时候，很多同事都是留学生，而她的英语并不好。她想，与别人拼英语自己肯定没优势，那自己就拼中文吧。

本来她就喜欢文字，于是她开始每天坚持写点文字。那时候刚上班，经常需要加班，有时候回到家已经是晚上十一二点，但她仍然坚持写 1500 字，等休息的时候常常已经是凌晨两三点了。

当她写的文字在各大网站出现时，有些人就质疑她下班是不是很早？是不是利用上班时间干私活？甚至被领导怀疑动用了工作上的媒体资源。但这些都没有摧毁她写文字的决心，而她这一坚持，就是 7 年。从 23 岁到 30 岁，这 7 年间的业余时间，她都用来写作了。

她在文章中写道：“你所看到的光鲜，都是无数狰狞的现实与纠结的夜晚组成的。”

别说 7 年，普通人通常连 3 个月都坚持不下去。比如，喊着要减肥，结果跑步一星期，发现肉都没掉，就嚷嚷着运动减肥都是骗人的，然后不了了之。比如，下决心要学英语，还没学到一个月，发现自己仍不能与老外流利对话，就放弃了。

我们总是刚刚开始去做，就期望看到立竿见影的效果。就像畅销书作家李笑来曾在他的作品《把时间当作朋友》里写的："我们总是对短期收益期望过高，却对长期收益期望过低。"

"特立独行的猫"最近又出了一本书叫《当你的才华还撑不起你的梦想》。刚毕业，我们羽翼尚未丰满，能力尚未提高，阅历不够丰富，这时候的我们凭什么要求得到别人磨砺十几年才能得到的一切？当才华撑不起我们的梦想时候，我们唯一能做的就是沉下心，不急不躁，一点点地提升自己。

费孝通在高中毕业的时候给杨绛先生写了一封长长的信，除了表达自己的仰慕之情之外，也倾诉了自己的人生困惑。杨绛先生不客气地回了一句话："你的问题主要在于读书不多但想得太多。"年轻气盛的我们都容易犯这个毛病，还没投入，就计较产出。投入一点，就苛求巨大的回报。

种子被埋入泥土，必须经过生根、发芽的过程，然后开花结果。一个人从咿呀学语到蹒跚学步，再到孩提时代、豆蔻年华，最后到"而立"到"不惑"。任何事物，都需要遵循自然规律。这个规律就是不急不躁，循序渐进。

2. 有一种焦虑叫作三十不立

网上流传一句话："到 30 岁还不成功，你就没希望了！"更有人说："奔三了，还没有混到一千万。真是太失败了。"这话让不少年轻人感到焦虑，焦虑事业没起色，焦虑另一半没着落，焦虑没房结婚……尤其是在大城市打拼的年轻人身上，这种焦虑更加明显。

张云澜，广告公司项目主管。不久前他为了庆祝自己的30岁生日，组织了一场party（聚会）。

大学毕业后，懵懂的云澜怀着满腔的热情进入广告这个行业。经过几年的磨炼之后，他的职位也从最开始的文案策划变成了项目主管。

但近一年来，张云澜一直处于一种焦虑和茫然并存的状态中。说起来是项目主管，但实际上做的还是文案工作。每天重复的工作内容让云澜在工作中越来越没有激情。他也想过将来要往哪个方向发展，是继续做项目执行方面的工作，还是转向市场开拓？如果是执行，那么他很难再有往上走的机会了；如果转到市场开拓，那云澜现在的年纪也很尴尬，且很多个人计划就要被搁置。他一想到这辈子就这么混过去了，心里又觉得非常不甘心。

这样的心态让张云澜对当下的工作很难有热情，往往是应付了事。工作间隙，他常去浏览各大招聘网站，也不断跟猎头接触。机会还是有的，但总的来说，各个方面都能让他满意的机会很难找。张云澜的心情也常常在希望和失望之间动荡。

三十不立，对于很多人而言或许是一种莫大的悲哀。有人说，毕业后的五年决定你的一生，因为五年后我们差不多30岁了。而在很多人的观念里：30岁就应该事业有成，有车有房，有妻有子，生活富足又稳定。貌似过了30岁还在打拼，就是罪过和失败。

但是，我们真到了30岁，人的一生就定型了吗？不，30岁定型的是一个人的品性。人生就像一棵结满无数可能果实的树，只要你努力，抓得住机遇，任何一个年龄阶段都会有惊喜。

历史上很多名人都是大器晚成的。例如林肯，51岁时才当选总统；例如塞万提斯·萨维德拉，68岁写完《堂吉诃德》；又如苏洵，53岁才文名大盛。

作家巴尔扎克曾说过："人类所有的力量，只是耐心加上时间的混合。"因为不管什么时间，什么年纪，只要我们拥有足够的耐心，并且能够为了梦想坚持下去，我们就会收获内心所期待的一切。生活中，虽然有一种焦虑叫作三十不立，但是，三十不立不代表四十不立、五十不立。人生是一场马拉松式的长跑，谁也不可能永远处于发力冲刺的状态，高潮期和低潮期必然是交替而来的。因此，我们不必太担心自己一时的心理焦虑和对未来感到迷惘等心态，只要注意调适便可以了。

对于三十不立的焦虑，我们不妨试试以下办法化解：

首先，化解迷惘的最佳方法就是找到自己明确的目标。

在 30 岁这个年龄段，很多人要做的决定都会集中到是要稳定但乏味，还是要改变但冒险？做决定的时候一方面问问自己想要什么，另一方面，问问自己能做到什么。这一点更重要。不要太贪心，不能什么都想要。这样想或许能让你豁然开朗。

其次，多一些耐心。

任何企业和职位，不经过一段时间的观察和了解很难做到对其真正了解。遇到挫折迷茫时，多些理性思考和耐心。更重要的是，如果你在寻找新机会的时候失去耐心，而导致对当下的工作无法尽心对待，那么最糟糕的得不偿失状态也就出现了。

最后，要保持一颗平常心。

对自己的认识，要踏实一些。古人说三十而立的原因是基于那时候人的寿命普遍比现在短。放在今天这样激烈残酷的现实环境中来看，不要说三十能立了，30 岁能够明确方向都可以算是不错的。四十而立甚至五十而立，也都来得及。在过程中尽自己最大努力，最后能走到一个什么样的高度，能取得怎样的成就，要以平常心看待。

3.被忙碌绑架的人

“周末一起去玩啊？”

“不行，我周末已经安排好了，很忙的。”

“哎，这个中秋怎么过啊，一起去玩吧？”

“下次吧，中秋我还要加班。”

生活中，你是否每天忙忙碌碌还是感觉时间不够用？你是否一闲下来就很有罪恶感、空虚感？精神学家帕斯卡尔·讷维曾说：“我们生活在一个歌颂雷厉风行的世界，那些看海的人难免被视为游手好闲之徒。”于是在这个崇尚快速度的时代，我们也常常会焦虑。有时，感觉自己就像是一个装在套子里的人，被“忙碌”死死地裹住了，脱不开身，也不愿意脱身。于是整个人的身上都被贴上“我很忙”的标签。

张扬最近总是觉得很焦虑，特别是在放假的时候，这种焦虑更为明显：休息时间自己有没有更好地安排和利用？有没有做对自己、对家人、对孩子有意义的事情？最好还能够出去走一走，购物或者旅游都可以，丰富、充实，只有这样，似乎才能对得起他的这个假期时间，对得起过去的每一分钟。仿佛这样才能使张扬回头看的时候确信：自己没有白白浪费时间，或者说从更远来说，他对得起自己的人生。

当他意识到自己的行为后，又不断提醒自己应该放慢脚步，不用对自己太苛刻，过一些悠闲、懒散的时间又何妨？可是，当他懒散过后，他又会对自己懒散而过的时间后悔自责。张扬就处在这种矛盾、焦虑之中。

现如今，很多都市白领常常感觉自己的时间不够用。“又到周末了，怎么感觉自己一周没做什么事呢？”“忙得头晕转向的，一晃就下班了，时间过得真快！还有好多事情没完成，好伤心。”“眼一睁一闭，一天就过去了，太恐怖了！”毫无疑问，这些人都患上了时间焦虑症。

从某种意义上来讲，我们对时间的焦虑，其实也是我们对物质的焦虑、对利益的焦虑、对成功的焦虑、对未来不确定性的焦虑。当我们为时间的流逝而焦躁不安，玩命地向时间索取最大的利益时，也不要忘记让我们的内心得到片刻的休整。

青文在一家公司里工作，职位很高，但工作量很少，每天工作的心情都是愉悦的。青文热爱文字，没事就喜欢舞文弄墨，所以他每天下了班后，就在自家阳台上支起一张桌子，放上笔记本电脑，倒上一杯酒，写上一两个小时，然后出去跑跑步，回来洗个澡就睡觉了。

逐渐地，他写的作品得到了大家认可，不仅在网上大受欢迎，也有出版社主动找他出版，一次性给他付了10万的初期版税。青文很高兴，他考虑再三，决定辞职，做一个专职作家，圆自己小时候的一个梦。

青文赋闲在家后，接了出版社的一个书稿，要求他三个月内写出50万字的作品，青文买足了泡面，从早上醒来就开始写，一天16个小时不间断。然而作品却被否决了好几次，青文很着急，又没日没夜地赶稿子，结果又有十万多字的稿件被否决。

青文这才明白自己违背了劳逸结合的理念，他把自己置于一个紧张焦虑的境地，自然写不出东西来。

社会学家斯托·博伊德曾在一篇文章中说：“你得确保速度慢下来才能走得快些。”这是一种慢科学，这种工作方式反而更有效率，我们要学会在快节奏的生活里找到属于自己的安逸一隅。

有时候放慢些脚步，更有益于我们的生活。对自己要有一定的了解，要知道自己要干什么，要达到什么样的目的，并通过这些对自己的工作生活做出计划以及目标，根据这些计划合理地安排生活和工作，使工作和生活都有条不紊，忙而不乱。

4.不要担心来不及

我们小时候听过太多少年成名的故事——骆宾王在 7 岁的时候就写出了《咏鹅》；王勃 6 岁便能作诗，9 岁作《指瑕》标注《汉书》，10 岁便能博览六经；周杰伦 25 岁便名震乐坛；更有席卷网络的 90 后 CEO（首席执行官）马佳佳、余佳文等人，激励年轻人要信心倍增地打拼，35 岁前就实现财务自由，40 岁就退休去环游世界。可是理想很丰满，现实很骨感。我们发现自己已经大学毕业好几年了，却还没有功成名就，没有房子、没有车子、没有妻子（丈夫）。你痛恨自己，为什么那么努力却一无所有？

程明哲今年 27 岁，他在北京一家 IT（信息科技）公司上班，他非常焦虑，虽然薪水不低，高过北京平均收入水平一大截，但他仍然焦虑，他总觉得自己马上就 30 岁了，还付不起买房的首付，也没有女朋友，家里父母总是催他结婚，程明哲也非常烦恼。

程明哲的应对方法便是主动加班，同事加班到八点，他就加班到九点半，他觉得这样可以让自己的薪水再次提高，他一定要在 30 岁之前买到房子。程明哲每天都累得头昏脑涨，父母仍在催他结婚，他只好加入了一个相亲网站，每周日给自己安排几场相亲见面会，但去了几次后程明哲大呼失望，他还是想自由恋爱，走相识、相知、相爱的过程。程明哲也不知道该怎么办，他感觉自己如果在30岁时没能成家、没能买房的话，这一辈子就完了，再也没有奋起的可能了。

“害怕来不及”这种心态在近几年内出现得越来越多。可以说，近几年来很多人的焦虑都来自“害怕来不及”的心态：害怕来不及弄清楚自己要什么，双鬓已开始发白；害怕来不及确定自己的感情，就被家里“逼婚”；害怕来不及好好爱孩子，他就已经长大离开了；害怕来不及功成名就，可能就已进了坟墓……

老人常常告诫年轻人的一句话是：“饭要一口口地吃，路要一步步地走。”有太多的事急也没用的，比如升职加薪，你的工作能力提升之后它自然就来了；再比如恋爱结婚，如今很多“剩男剩女”，总觉得自己再不恋爱、结婚就晚了，这事哪有晚不晚的，遇到对的人自然就水到渠成了，如果因为怕来不及而草率恋爱结婚，只会害人害己。

事实上，时间并不是衡量我们来不来得及成功的标志，因为只有努力才是决定我们成败的关键。现实很残酷，但我们依旧愿意努力，因为我们才正值奋斗的年纪，才是正要开始发挥自己能量的时候，只要我们有梦想，就不怕来不及。

无论追梦的道路多么艰辛，我们都要清楚，我们仍有大把的时间去实现我们的梦想，为什么要用现在的人生去决定剩下的生活呢？

所谓“尽人事，听天命”，我们要有万事随缘的心态，不要怕某些事来不及，把事情做好就可以了，不要被烦躁的心态干扰自己的生活，不要因担心来不及而拼命做事。事事都会来得及。

5.为什么你很累，却不敢停下来

现如今，“好累呀！”“忙死了！”似乎早已成为现代人的口头禅，一个充斥着各种各样压力的社会，让我们喘不过来气。

累是现在社会的一个共性，就业压力、工作压力、住房压力、结婚压力，总之全都是压力。很多人不敢停下来，因为害怕自己一旦停下来，就跟不上生活的节奏。

一个20多岁的女孩，在微博上发表了这样一篇文章：“我没有含着金钥匙出生，更别提能找个‘高富帅’。我只能靠自己的努力去改善生活，为了赚钱，我每天都很努力地工作，周六日我都找了一份兼职，时间排得满满的，没有一天的时间休息。每当我累的时候，就想起自己乡下受苦的父亲、母亲。看着他们一天天地老去，我总想为家里做点什么，多赚点钱，把家里的房子建起来。我也想让自己过好一点的生活，感觉自己的责任重大，不能停下来，所以现在就算是累了我也不敢停下来。我害怕停下来，生活就过不下去了。”

近年来，越来越多的人出现了工作焦虑的情况，大量的职场人员感觉自己疲累不堪，但又不能停下来，在日本甚至出现了一个用来专门形容因过度劳累而致死的名词：Karoshi（过劳死）。也许有人会说，工作繁忙，领导命令，不得不用拼命的方式完成大量工作。

事实上，领导给我们派很多的任务是应该的，但我们要做的不是无条件服从；聪明的员工会用高效率的手段把事情做好，而不是为所有事情忙得焦头烂额。

西方流传着一个故事：有三个商人死后见到上帝，上帝要他们介绍自己前世的功绩，然而给他们评分。

第一个商人说：“我去世的时候，我的企业濒临倒闭，不过我跟我的家人生活得非常快乐。”上帝给他打了50分，说：“快乐是最重要的，可是你有没有想过，留在人世的家人没有你，还会快乐吗？”

第二个商人赶紧说：“我的企业在不断地发展壮大，如今已经成了跨国企业，而我则是亿万富翁。不过，我很少跟家人待在一起，我每天都要在各个国家之间飞来飞去。”上帝给他打了40分，说道：“钱财乃身外之物，纵使物质条件再好，你也失去了家庭的意义。”

这时，第三个商人开口了：“我在世时，虽然每天忙着赚钱，但同时也尽力照顾我的家人，朋友们和我很谈得来，我每天傍晚都跟家人和朋友一起钓鱼、打高尔夫，周末我们就去远处的山脉里野营，我们一家人其乐融融。”上帝满意地点点头，给他打了100分。

快节奏的现代生活，让大家拼命地往前赶，没有业余爱好，没有假期，天天加班不能按时吃饭，不管是生活还是工作，都觉得自己“慢不下来”，仿佛一停下脚步就会被别人甩在身后。

其实，每个人都可以慢下来的，要看我们有没有慢下来的决心。慢下来的好处很多，可以缓解我们心中的焦虑感，可以保持充沛的体力，可以保持良好的心情，这些都将对我们的工作和生活产生重要影响。

美国的一项研究显示，每工作52分钟后休息一段时间，工作效率最高。如果我们的工作真的太忙，那么抽空休息个5 ~ 10分钟也是非常不错的，既能提升工作效率，又能保持身体健康。懂得慢是一种智慧，能慢下来则是一种能力，而我们要把慢变成一种生活态度，变成我们生活的一部分，当我们逐渐慢下来后，就会发现，生活其实是安逸愉悦的。

6. 匆忙是世界上最严重的疾病

很多时候，我们走在路上，可以看见，学生党和上班族都迈着快速又规律的步子，偶尔还夹杂着一些跑动，每个人都朝着自己既定的目标前行，这就是我们所见到的早晨。

如果你抓住一个人问，为什么他行色匆匆，他们只是觉得你在浪费他们的时间。其实也不难猜到，他们忙着生活，忙着学业，忙着挣钱买房买车，他们没有多余的时间在夕阳西下的下午喝一杯茶，也没有时间停下来看看路边的花草，他们没有时间坐下来聊聊天，甚至没有时间好好睡个午觉。

有一位名人，他出名的地方在于他在学术领域的领先，更在于他的忙碌，整天地忙碌，从不与人谈及闲事。

一日，他因为生病不能工作，因此便思量去访友，去一个朋友家做客。一进门，他就被朋友庭院里的一株桂花树吸引了，连连赞叹他们家的桂花很香。主人说，以前庭院的桂花也是这样香甜的。

“你们家最近装修过吗？”名人问道，他不记得之前的庭院样子。

“没有啊，你来过我家好多次，怎么会这么说？”主人疑惑地问。

名人这才意识到，原来自己以前都来去匆匆，别说朋友家的装修摆设了，就连门口那一棵茂盛的桂花树他都没有注意到，要不是这次闲下来。估计自己都不知道朋友家还有一棵香味这么浓郁的桂花树。

当我们的生活被按下“快进键”，我们会本能地希望时间过得快一点，以至于排队的时候老是想着插队，找一个便捷通道。和别人说话，能用一句话表达出来，就不用两句话。看电视必须用电脑或者手机，为什么？因为可以快进。

其实，如果我们一味地让生活快进，我们就会忘记照顾家庭，善待家人和朋友，善待自己。如果我们一味地让自己快进，那么我们只会背上沉重的枷锁和包袱，失去许多做人的欢快和轻松。

不妨让自己的生活慢下来，享受休闲自得的日子，去领略大自然给我们的恩赐，感受宁静淡然的田园风光，享受家人间的温馨愉悦。只有这样，我们的身心才不会疲惫，我们的生活才会从容美妙，其乐无穷。

有一个人走在乡间小路上，天阴欲雨，路上的景色非常美。此时过来一辆摩托车，这个人拦下摩托车问路："请问到青山村还有多远啊，对面那座村庄就是吗？"骑摩托车的人回答说："是啊，就是那个，我是那个村子里的人，我可以带你去。"

这个人摇摇头说不用了，自己可以走过去，骑摩托车的人道："这天快要下雨了，赶紧跟我到村子里避雨吧，我家还有热汤呢。"这个人依然摇头，感谢对方后，仍表示自己可以走过去。

摩托车掀起一阵尘土离开了。不一会儿有一个赶着牛车的老伯过来，这个人反倒主动要坐老伯的牛车，老伯问："我刚刚看到一辆摩托车过去，你不坐摩托车，反倒坐起我的牛车来？"这个人回答："老伯，我来到这第一目的是看风景，第二目的才是到达青山村，虽然快要下雨了，但春雨并不大，所以我不着急，我就在您的牛车上好好看看风景。"

据说阿尔卑斯山山脚下竖有一块牌子，上面写着："慢慢走，欣赏啊！"美学大师朱光潜说："许多人在这车如流水、马如龙的世界过活，恰如在阿尔卑斯山谷中乘汽车兜风，匆匆忙忙地疾驰而过，无暇回首流连风景，于是这丰富华丽的世界便成为一个了无生趣的囚牢。"

的确，珍惜时间、高效率做事是正确的，但切不可因此忘记了生活的本质，不要把自己置于一个忙碌的世界里。以旅游为例，急匆匆地路过又有什么意义呢？生活也是如此，走得太快你就看不清沿途的风景，一路向终点冲去，这样的人生又有什么意义呢？

我们要有骑着蜗牛看风景的心态，慢悠悠地把眼前的美景尽收眼底，这是一种良好的生活心态，不急不躁，带给自己愉悦的心情。

匆忙是这个世界上最严重的疾病，那么我们要如何摆脱“人生匆忙症”？心理学家认为，上班族们应确立自己远近期的人生目标或者工作目标，同时把目标分解成每一周或者每一天的计划。“人生匆忙症”的根源在于生活节奏过快带来的压力，要想摆脱“匆忙症”，可从以下几方面做起：

第一，生理调整。

身体上的疾病容易影响神经系统，使人产生紧张、烦躁等负面情绪。有健康，才有快乐，确保身体健康很重要。

第二，心理调整。

压力有时来自外力，有时来自人们内心对人对己的期望。适当降低自己对生活的期望值，不要苛求完美，有助于帮助你获得满足感，消除焦虑，缓解内心的紧迫感。

第三，调整生活节奏。

试着走路慢点、说话轻点，或者在不需要时丢掉手表、忘掉时间，下班后试着忘掉工作，参与一些娱乐活动，学会享受悠闲，为自己的大脑放假。

第四，经营良好的人际关系。

当情绪发生“异动”时，人际关系和谐的人总能找到倾诉对象并及时排解。所以，多花点时间在家人和朋友身上吧。

7.当生活启动“快进”模式

现在世界上所有人好像都被安装了“快进键”一样，生活速度瞬间变快了。总是停不下来，“忙”成为人们生活的全部内容，“快”成为人们生活的总基调。生活中，我们有太多不得不“快”的理由，却忘记了“欲速则不达”“慢则是快”的人生真谛。

生活其实是平衡的，你在得到一些东西的同时也在失去一些东西，而且一些东西一旦失去，就可能再也找不回了，比如身体的健康。

在深圳一家广告公司有一位任部门经理的李先生。工作几年来，李先生随着职位的升迁，工资待遇一路水涨船高。但近半年来，他感到自己的状态越来越“不对劲”。

开会时，倘若哪个下属迟到几秒钟，他会忍不住发火；向老板提交的工作计划若不能马上得到答复，他也会觉得狂躁不安，做什么都静不下心来；到商场买衣服，因为收银机故障，需要多等两分钟，他便恶狠狠地将选好的衣服扔到柜台上就走了；开车上班，明明时间还很充裕，却不由自主地一路加速，终因闯红灯而被罚款；每天都要经过的一段路，也觉得十分陌生，全然注意不到路上变换的风景……让李先生感到惶恐的是，自己每天似乎总有忙不完的事，可是匆匆忙忙一天后，却发现没什么收获，自己的心情却变得越来越糟糕。

彩霞的儿子今年已经十岁了，每次带儿子出去玩的时候，彩霞都刻意不急着去目的地，而会陪着他观察沿途的风景，因为她知道小孩子喜欢的可能只是大人眼中那些不起眼的花花草草，旁边的大树，飞过的蜻蜓。

同样，彩霞对儿子的学习也不像其他孩子的家长一样到处报学习班，总是由着儿子，随着他的性子选择喜欢的学习。别人问她;“你不着急吗？别人家的孩子8岁，会游泳，会弹琴，会跳舞，你家孩子什么都不学，会赶不上别人，将来很难适应社会。”

彩霞说:“小孩子是要慢慢长大的，催出来的番茄是不好吃的。”

他的儿子虽然不是学校里学习最好的，但老师和同学们都很喜欢他，老师也经常夸奖彩霞的儿子很聪明，乐于助人，笑容很甜。

诚然，快节奏能带给我们很多好处，但这些好处是用其他的一些东西交换而来。而我们需要衡量的是“失”和“得”的意义，然后选择快节奏还是慢节奏。其实，一味地追求快速，忽略了身边的美丽，看似快，实则变慢了。

在你因堵车而等得心浮气躁、乱发牢骚的时候，你可以利用这段时间听听音乐，放松一下自己的神经，或静下心来想想今天的计划，该怎样去完成今天的任务？在你为等朋友而急得不停地看手表的时候，你是否会注意你身边经过的人和事，留意到身旁的大树已经开满了花朵？在你为求职而傻傻地等待公司回复的时候，你想过利用这段时间去做些力所能及的事吗？我们就是这样，常常忽略这些“等待”的用途，真正浪费了时间却不自知，放走了身边的一个个宝藏而不自觉。

第二章

越着急要，越得不到

1.急于表现的结果往往适得其反

刚走上工作岗位的新人，因为还没有多少工作经验，最好不要锋芒毕露。如果你在工作之初表现得特别积极的话，很可能会犯一些自己都容易忽视的错误。

例如，你说话积极，还没考虑好就脱口而出；做事积极，有什么活都抢着干，但由于自身经验不足，又不一定能做好。那么上司就会对你有不好的印象，会认为你毛毛躁躁，自高自大；同事们也会对你反感，把你视为竞争对手。

张景玉来到一家新公司做网络部的广告策划，他此前已经有一年多的工作经验，而该公司的网络广告策划部是新成立的，所以张景玉觉得自己在该部门已经算是“老手”了。这一天，公司老总特意来到网络广告策划部，召开一次动员会议。

会议中，老总提问该月的网络签约额是多少，张景玉在会议桌上忍不住回了一句：“应该是20万元。”老总看了他一眼，这时财务部的负责人摊开文件，说道：“是28万元。”张景玉不好意思地笑了笑。

会议结束后，老总找到张景玉谈话，张景玉比较兴奋，他觉得老总会很赏识他。在办公室里，老总说道：“你叫张景玉对吧？”张景玉回答说：“对，张景玉，张就是弓长那个，风景的景，宝玉的玉；我是211大学毕业的，有一年多的工作经验；您有什么要批评的可以直接告诉我，我接受并改正。”

老总说：“我说什么话不用你告诉我。你在这工作多长时间了？”张景玉说：“我来贵公司工作了两个多月，各方面都还行，我觉得我的能力应该可以在网络广告部做得很不错，您看我将来的表现。”

但谈话结束后很长一段时间，张景玉都没有得到任何任务，依旧是老样子，他有点想不清楚，是不是老总太忙了呢？

在我们的工作中，为了能够过早地受到他人的关注，有些人常常自作聪明，盲目“冒尖”。其实这种行为是不可取的，急于求成会让我们只注重事情的结果而忽略事情的质量，这样往往会适得其反。

其实，不论身在什么职位，谦虚踏实都是本分，相信生活中没有人会喜欢冒失的人。我们每个人都应该明白“该出头时出头”，而不是浮躁、冒失地强出头。

当我们自身还没有多少能力与优势时，我们应该静下心来，踏踏实实地去学习自身所需要的知识或技能，以充实自己，不要在基础还没有打牢的时候就技痒，锋芒毕露；这个时候你要做的是，适当地低下头，隐藏一些自己的闪光点，这是很有好处的。

领导都不糊涂，该提拔谁、该夸奖谁心里都明白，员工邀功请赏无非就是急于升职加薪；但是领导并不喜欢邀功请赏的员工，在他们看来，勤奋工作，多干实事，比什么都强。你如果真的做出成绩来，立下功劳，领导岂会无动于衷？

曾山最近带领公司的一个开发团队，夜以继日地工作了两个月，终于把新产品的开发工作做完了。本来老板说要开庆功会，结果老板去了南方出差，庆功会也就没有了，甚至连一句表扬都没有。

曾山对此并不在意，他继续带领着自己团队工作着，还帮助其他团队。老板回来后整整一周，依然没有对曾山以及其团队做出表态，曾山仍然不在意。他不知道的是，其实老板是故意的，就是要看看这个年轻人的定力如何，是不是有好大喜功的毛病。老板经过一番观察之后，非常满意曾山的心态，下个月就把曾山的岗位上调一级，工资上涨30%。

邀功不如立功，领赏不如奖赏。要想在职场上步步高升，就需要熟知，职场上哪些话说不得，哪些话要抓住时机地说，绝不能在上司面前说邀功请赏的话，那样上司会觉得你很浮躁、不持重，也不成熟。对领导来说，他们更注重的是员工平常的工作状况，而非某一段时间的状态；而对员工来说，要想让领导满意，首先应该把工作做到让自己感到满意。

尤其在工作还没做得很出色时，切忌说话拐弯抹角地夸自己，试图在老板面前与其他员工拉开差距，觉得这样会得到老板的青睐。实际上，这些心思想法都被老板看在眼里，我们的工作具体如何老板也了然于胸，时机到了自然会给我们想要的。

2. 一毕业就急于创业，多半会失败

根据统计数据显示，美国大学生创业成功率约为20%，中国却只有2%。这两者差距跟很多因素有关，但是更多的因素应该是中国大学毕业创业者自身的问题。

大学创业是近几年才兴起的热潮，很多大学生此前对经商没有过接触，现在天使投资人那么多，拿到投资的瞬间他们肯定以为自己会越走越远，然而有98%的创业大学生都失败了。

高浩，在大学的最后一个学期参加了不下二十场招聘会，他发现要在海量的招聘信息里找到一个适合自己的工作很难。同样，他在与招聘人员的接触中了解到，企业也为如何能招聘合适的员工而烦恼。

于是，高浩萌发出这样一个想法："办一个不同寻常的求职网站。"

这个充满了创业激情的小伙子迅速完成了先前酝酿许久的创业计划书，确立了盈利模式，进行了市场调研，也得到了父母兄长的资金支持。

万事俱备，只剩下一个问题，那就是高浩自己并不会写电脑程序，而网站的建立则必须由专业的技术人员来完成。

高浩向身边的好友发布信息，最后只找到一个高中时期的同学，而这个高中同学虽然学的是电脑方面的知识，但对于做网站而言并没有丰富的经验，而这个网站需要一个经验丰富的人来创建。

苦苦寻找数月无果，孤军奋战的高浩只能退下阵来。

有很多大学毕业生是这样创业的：创业项目没想好，合伙人没找到，存款只有两万，但就是想创业。甚至有人说出："干什么都行，我就要创业。"很多大学毕业生合伙创业连合同是什么都不知道，只知道注册一个公司就算开始创业了。

盲目、鲁莽是创业中的大忌，而这又常常是一腔热血的大学毕业生常犯的毛病。对创业项目没有一个很好的认识就敢去创业，对市场预测过于乐观，没有对市场进行充分的调研和细分，缺乏真正有商业前景的创业项目，许多创业点子都经不起市场的考验。

阿里巴巴集团董事局主席马云在谈及大学生创业时表示，20 多岁的大学生最重要的事情就是好好读书，大学生创业九死一生，要善于把握机遇，学会体验苦难。在马云看来，大学生创业第一件要做好的事情，就是把书读好。

马云曾说："不是说大学毕业生创业就一定会失败，而是说这种急躁的心态要不得。"比尔·盖茨、乔布斯、马克·扎克伯格都是大学辍学创业的典范，但是不要去模仿他们。比尔·盖茨的母亲曾是华盛顿大学校董，还跟IBM（国际商业机器公司）的CEO埃克斯共事过，比尔·盖茨 13 岁时为了玩飞行棋便写出了第一个软件程序，他跟保罗·沃伦高中时候就开过一家公司，他从哈佛退学前思考了很久……这充分说明了这个世界上没有突发奇想的偶然，我们看到的是比尔·盖茨辍学创立微软的光鲜，却看不到他拥有的知识和背后多年的努力。

《礼记》有言：“凡事预则立，不预则废。”也有一句俗语叫：“心急吃不了热豆腐。”这两句话说的是一个意思，都是在讲耐心准备的重要性。无论创业与否，在任何时候，要不慌不忙地准备妥当后才能更有成功的把握。

3.沉不下心做小事，怎么会有做大事的机会

耐不住性子做小事，总觉得自己应该干一番惊天动地的大事业，这就很像东汉少年陈藩。东汉少年陈蕃自命不凡，一心只想干大事业。一天，其父亲的朋友薛勤来访，见他独居的院内龌龊不堪，便对他说：“孺子何不洒扫以待宾客？”他答道：“大丈夫处世，当扫天下，安事一屋？”薛勤当即反问道：“一屋不扫，何以扫天下？”

有一位青年刚从医学院毕业，来到一家知名的医院应聘医师工作。青年跟医院副院长约定的时间是周五的上午九点。

那天，青年因为路上磨蹭了一会儿，结果迟到了十分钟，九点十分才进副院长的办公室。副院长已经等候多时了，副院长要他坐下，说：“咱们约好的九点钟，我已经等了你十分钟。”

青年赶紧解释道：“副院长，不好意思，我这不来了嘛，只是耽搁了十分钟而已。”

副院长道：“你在学校里的成绩异常优秀，所以我才亲自面试你，可是你却没有时间观念。我告诉你，在医院里，一分钟就有可能是一条人命！这可不是

在学校里的演练，你的迟到有可能导致一场救命手术的推迟，如果你想做一个国内出名的好医生，就要在方方面面都做好。迟到就是迟到，你浪费了我的时间，也浪费了你的应聘机会，你因为这十分钟丢了一份工作。你去别的地方面试吧，希望你不会再迟到。”

急性子总想干大事的迫切心情是可以理解的，但要知道没有一个人生下来就是能干大事的，需要岁月的累积和磨炼；否则真有大事降临时，你也根本没有那个能力做好。如果连小事都做不成，又怎么能做成大事呢？有很多人不屑于拿月薪低于三千的工资，觉得自己的能力起码要值月薪万元以上，其实正是这种不成熟的心态阻断了自己的成功之路。

在生活中，或许我们都对擦鞋了解不少，觉得那无非就是擦擦灰、打打油，赚个几块钱。擦鞋的确是一件小事，但有人把它做成了大事。日本擦鞋匠源太郎为养活自己而四处擦鞋，他并不满足于此，他走遍日本拜访手艺高超的擦鞋匠，跟他们学习知识，并研发自己的擦鞋手法。他把每一双鞋都擦出了新意，他还研究各种皮鞋、鞋油，他的名气越来越大。1975 年，源太郎成了希尔顿饭店的“定点擦鞋匠”，包括日本前首相等名人都成了源太郎的常客，他甚至给迈克尔·杰克逊擦过皮鞋。

做小事是一回事，做好小事又是另一回事。做好每一件小事就是不平凡的，这需要十足的耐心，每一件小事都是对自身的提升和修炼，不能因为事“小”或者低微就不在意。

高中毕业的约翰·洛克菲勒为了养家糊口，决定放弃升大学的机会，到商界谋生。当时的他眼界颇高，打定主意要干一番大事业。

刚到石油公司工作时，他因为没有学历没有技术，被分配去检查石油罐盖有没有自动焊接好，这是整个公司最简单、枯燥的工序，人们戏称，连三岁的孩子都能做。

每天，洛克菲勒看到焊接剂自动滴下，然后他沿着罐盖转一圈，再看着焊接好的罐盖被传送带移走。

就这样，半个月后，洛克菲勒忍无可忍，自己是要干一番大事业的人，怎么能在这里干这种枯燥乏味的小事。

他去找主管申请改其他工种，但被回绝了。无计可施的洛克菲勒只好重新回到了焊接机旁，他想既然换不到更好的工作，那就把这份自己不愿干的工作做好再说。

于是，洛克菲勒开始认真观察罐盖的焊接质量，并仔细研究焊接剂的滴速与滴量。他发现，每焊接好一个罐盖，焊接剂都要滴落 39 滴，而经过他的周密计算，他发现实际只要 38 滴焊接剂就可以将罐盖完全焊接好。

经过反复测试、实验，最后，洛克菲勒终于研制出“38 滴型”焊接机。用这种焊接机，每罐盖比原先节约了一滴焊接剂。就这一滴焊接剂，一年下来可为公司节约 5 万美元的开支。要知道，在那个年代，5 万美元可是天文数字。

年轻的洛克菲勒由此迈出了走向成功的第一步，直到他成为世界石油大王。

海尔总裁张瑞敏曾经说过：“把每一件普通的事情做好就是不普通，把每一件平凡的事情做好就是不平凡。”其实，生活中每一件事都不是小事。比如某些坏习惯，这是小事，但这些坏习惯在关键时刻往往会坏了大事。所以生活里任何事都需要我们重视，不能顾此失彼，不能因为急躁就丢掉所有的小事。

在工作中，我们要在“做小事”到“做好小事”的历程中逐步培养“做大事”的能力，养成将每一件小事做好的习惯，这正是“做大事”的开端。如果这些具体的小事都做不好，想要做“大事”也就无从谈起。

其实，不论身在什么岗位，做着什么样的工作，心态是最重要的。拥有一个良好的心态，要对每一份微小的工作都能做到平等对待，力求做到最好。

4.事业扩张太快不可取

2016年，我国上映了一部名为《梦想合伙人》的电影。影片讲述的是一个小镇姑娘、一个拜金女和一个女强人合伙创办了一个网上销售网站的故事。期间，她们的公司因为急于上市，面临许多问题，最主要的就是库存量不足而导致发生了一系列问题。到最后，和她们签约的诸多公司纷纷撤出，差点儿"一朝回到解放前"。

事情发展到这一步，究其原因，最重要的还是"急于上市"四个字。事业扩张太快，导致一系列的问题出现，错不在事业，错在人心。

生活中，每个人都想成就一番大事，但真正能够成就大事的又有几人？基于年轻企业家和社会竞争压力的刺激，许多企业家都不会选择最安全稳定的那条路发展，他们宁可赌一把，宁可从最大的风险中获得最大的效益，从而导致了悲剧。

现实中，企业因扩张导致失败的案例数不胜数；但依旧有那么多人选择冒险，在一片陌生的土地上飞扬跋扈，最后却把自己赔了进去，到头来追悔莫及。

我们要知道，每一份事业都必须有一个痛苦挣扎、奋斗的过程，而这也是将我们锻炼得坚强，使我们成长的过程。而事业扩张太快，很容易造成根基不稳，导致最后满盘皆输。

如果没有足够的信心作出裁定，那么就请仔细地考虑，因为每一次的赌都只看到了胜利的一面，但是失败的一面习惯被忽略。事业不能着急扩张，要走得稳稳当当，这样才能立足于众。

生活中，许多创业者都希望自己的企业能快速发展，希望销售收入能以15% ~ 20%或者更高的速度增长。但企业在快速增长的同时也存在着隐患，因为所有事情都发生得很快，即便是一个小小的失误也可能让你撞上南墙，难以恢复。

对企业来说，学会生存就意味着要能够识别那些正在迫近的危险信号，例如：现金流不足，客户开始抱怨，随意招聘员工，工作环境过于压抑，不愿意变革等。

企业能够快速发展当然是令人欣喜的，但这需要进行细心地规划与实施。如果不能认清这一点而盲目地快速发展，也许企业的服务就会掉队，利润也会随之消失。

5. “投机”的投资心态最害人

约瑟夫·德拉维加曾在1688年时写下一部名为《混乱的困惑》的书。他在这本书中第一次提出了“投资”以及“投机”的词汇，从此以后，这两个词语就一直成为金融字典里使用率超高的单词。

然而过了三百多年，直到现在，“投机”才被赋予准确的定义，就是进行短期交易，是那种今天买了明天就想赚到钱的投机心态。这种心态最害人，要知道，如果一个人没有长远的投资目标，只看得到眼前的利益，那么最后十有八九会把自己搭进去。

在飞机上，金发女郎与商人毗邻而坐。于是，商人提议：“我们玩一个游戏，我问一个问题，如果你答不出，你就付我5英镑。反过来也一样。”金发女郎却对此不感兴趣，宁愿只打打瞌睡。

“好吧，好吧。”商人又说，“你不知道答案，给我5英镑，我答不出给你

500 英镑。”

商人喋喋不休的话语让金发女郎有些头疼，无奈之下金发女郎只好同意。因此，商人问第一个问题：“地球离月亮多远？”

金发女郎连想都不想，就从钱包中取出一张 5 磅钞票递给了商人。

“很好，爽快！”商人说：“该你提问了。”

“什么东西上山时三条腿下来时四条腿？”

商人被难住了，他取出电脑，在网上搜索。但没有找到答案。他又给所有的朋友和同事发电邮，但是，毫无效果。

一小时后，商人摇醒金发女郎，并递给她 500 磅。金发女郎谢了，转过身，又闭上了眼睛。

“喂，”商人稍有点恼火地说，“你至少告诉我答案吧。”

金发女郎没说一个字，又从钱包中抽出一张 5 磅钞票递给了商人，说“我也不知道”，就高兴地慢慢进入了梦乡。

投资，就像放长线钓大鱼，不但要足智多谋，还要有投资的勇气，最后还要有耐心和信心，即使这样，投资也不是顺风顺水的。

做事情要有长远的打算，有计划、有目的地去做会取得很大的成功。切勿操之过急，仓促行事，以免造成不可预计的损失。

许多时候，我们很着急地做出一些决定，但这些决定让我们后悔万分。所以，我们要学会理智地思考问题，把问题想得长远一点儿，把事情做出推理，然后慢慢等待。就像种树一样，栽下一棵小树，你需要小心地呵护，然后等它的枝叶足够强健的时候，它就会结出果实。这就是投资，不是一蹴而就的。

全球著名的投资商沃伦·巴菲特是如何成就其“股神”地位的？许多人百思不得其解。

他能够做到心中无股。别人天天看的是股价，想的是股价，做的是差价，而巴菲特的做法却大相径庭。巴菲特不看股票看公司，不想价格想价值，不做投机做投资。与很多人不一样的是，巴菲特做的是像合伙人一样的投资，“你买的不是股票，是公司”。

巴菲特不打不胜的仗。很多人宁愿为了赚钱进行巨额投资，但巴菲特却强调安全第一，只有在赔钱可能很小、盈利机会很大的情况下才出手。巴菲特说：“安全边际是投资成功的基石。”而安全边际往往出现在股市大跌、优秀的公司股价大跌之时。

巴菲特选股票眼光更是独到。别人选股的时候十分轻浮，而且一直频繁换股，巴菲特却讽刺股市为“一夜情”，他本人也选股票如同选妻子：“我们寻找投资对象的态度和寻找终身伴侣的态度完全相同。”他选股态度慎重，标准严格而且数量极少。他选择的股票大多是自己非常熟悉和了解的优秀公司股票。他一再强调的是：“能力的大小并不重要，清楚自己的能力圈边界才是至关重要的。”

巴菲特最著名的做法就是长期持有。用他自己的玩笑话说就是用屁股赚的钱比用脑袋赚的更多，因为他比别人拿得住。巴菲特曾说过：“我最喜欢持有一只股票的时间是：永远。”当然，巴菲特长期持有且一直不卖的只有极少数股票，很多股票巴菲特会在持有几年后及时卖出。

的确，只有长远的目光，才能换得长远的利益。投资，就是考验你对未来的一种预期，如果你的判断正确那就代表你可以获得巨大的回报，反之你将只能收获失败的泪水。

有个哲学家曾说：“不同的眼光看到的是不同的未来。”将这句话放在投资上也同样适用，不要因为眼前的一点儿蝇头小利就损失了以后的巨大利益，短暂的诱惑只会让你失去成为胜者的资格。

我们不能在今天做出投资，就想着明天一定可以赚钱，这种“投机”心态是不对的。想要获得巨大的收益，必须拥有足够的耐心和勇气。

性子急的人，想要做投资，必须打磨自己的性格，让自己在遇到事情的时候不慌不忙，也不能乱出手。“见好就收”固然是投资的一个重要的法则，但关键时刻相信自己的眼光则更加重要。

6.好高骛远，频繁跳槽，越跳越迷茫

现如今，有的人急于获得眼前利益，总想着多些多些再多些，快些快些再快些。为了追多求快，就急着升待遇，急着换岗位，急着跳槽。殊不知跳槽应当建立在未来的幸福之上，如果始终对职业没有认同感，只是一时冲动就轻率地跳槽，那么，这样的行为会让自己付出不小的代价。

李林华毕业于上海的一所知名大学，本科所学的专业是信息技术，毕业后在一家中型电脑公司任职。在前几年IT业火热的时间里，他迅速成长为一名高级白领，月薪7000元，与身边其他同学相比要高出一大截，这让他感到很是满足。

可好景不长，没过多久，IT业已经不如过去那般火热，李林华的身价自然也不如从前了。此时，他已在上海购买了住房，每月有近3000元的按揭贷款需要归还。面对不断缩水的薪水，他想到了跳槽。

有从事医疗器材的同学建议他做医疗器材的销售，他也看到这位同学在短短几年内取得的成就：买房、买车，银行里还有一笔数目不菲的存款，这些都是通过推销医疗器材得到的回报。于是他毅然辞去了原有的工作，并在同学的帮助下，很快进入一家医疗器材公司，底薪2000元，提成非常丰厚，如果一个月的销售额达到10万元的话，收入便可过万。

但现实并非李林华想象中那么简单。当他拿到那些医疗器材的资料之后，

才发现自己对这些一窍不通，虽然靠死记硬背记住了其中一些功能，但是当与客户面对面交流时，他还是无法回答客户的问题，根本就谈不上说服别人购买他的产品了。3个月下来，李林华无法完成规定的任务，收入还不够还银行按揭贷款。他只好离开。

此后，李林华做过快速品销售、保险销售员等，由于没有建立起自己的销售网络，收入很不稳定，在2000～8000元之间徘徊，而且低收入的次数占多数，他一度感到非常迷茫。最后，在同学的帮助下，他进入一家IT公司重操旧业，收入才又稳定下来。

有些人在跳槽时，很容易急功近利地选择一些不见得适合自己，却能在短期内能给其带来经济效益的职业，从长远来看，这种选择对个人发展未必有好处。职场人对跳槽要慎重看待，不管是职场新人，还是职场老手；不管是普通职员，还是企业高管，经常跳槽都不可取。要耐得住性子、扛得住寂寞、经得住打击，在具备丰富经验和能力积淀后，再去考虑跳槽的问题。

真正适合跳槽的时机，是个人考虑比较成熟、目标非常明确的时候。一些不满足现状的人可以在适当时机选择跳槽，但不要过于频繁，比如工作3～5年换一次工作。人的一生就业时间一般30多年，因此每过5～6年差不多就是一个周期。

Lucy（露西）是上海一家证券公司的职员，她在这个行业工作了8年，经历过两次牛市和一次熊市，她的收入也曾经随着证券指数而上下波动。

Lucy毕业之后便进入证券公司做助理销售，当时股市比较红火，她所在的公司销售业绩非常好，因此她的收入也不错，达到了7000元以上；与她的同学相比，收入要高出很多。但好景不长，此后不久股市进入熊市，销售业绩随之下降，同时公司的佣金收入也锐减，她所面临的是薪水不断减少，最低时每个月只领到2000元。

不过Lucy还是咬牙坚持了下来，直到2006年股市重新进入新一轮牛市。而此时，随着工作经验的积累以及能力的提升，她已经担任销售经理，建立了自己的团队，每月除了固定的薪水之外，还有高额的销售提成。

很多成功人士会在一家公司待相对较长的时间后才跳槽，而且他们的职业经历往往是有选择性的。同时，他们选择跳槽时大多目标明确、积极主动。如中国微软前任总裁唐骏，在他个人的发展轨迹中，跳到中国盛大网络之前一直在微软干了整整10年。

虽然跳槽的现象在如今的职场中很普遍，但自己面临跳槽时应三思而行，避免冲动离职导致后悔；更不要朝三暮四，今天看着这家好，明天看着那家好，就频繁地跳槽换工作。

我们要谨记一点，职场人士频繁更换工作，丢的不只是工作机会，还有长远的发展。连续换了几份工作而不能改变现状，一定要重新审视职业定位是否恰当，重新思考职业规划是否需要调整，以免让自己陷入频繁跳槽的怪圈中，迷失方向。

第二章

冲动之下的决定多半会后悔

1.和领导拍桌子？你中了500万吗

有一位先生误以为自己中了500万大奖，恰好又遇到老板安排给他不爽的任务，就直接拍桌子辞职了，最后才发现自己看错了号码。结果不仅他和女朋友计划结婚买房的500万大奖没了，同时连维持生活所需的工作也没了，他很后悔自己冲动的行为。

许多人冲动之下都容易做出让自己后悔的举动，因为冲动必定受惩罚。

有一句话叫作“屁股决定脑袋”，这句话虽不够文雅，但道理却很深刻。老板有老板的位置，他所坐的位置决定了他的思考方式和说话方式；而从员工的角度会觉得某些工作真的很难，老板一点也不体谅，还要求那么严格，一想这个就火大。

有时候老板可能是误解了我们，或者盲目批评我们几句，如果我们把这种东西无限放大的话，就会对老板产生不满，很容易怒火冲天。有很多人觉得老板什么都不懂还要指手画脚，所以非常不开心，其实仔细想想，老板如果真的什么都不懂，又为什么能坐在那个位置上呢？

更何况，即便老板真的什么都不懂，对我们发脾气，批评我们，难道我们对老板发脾气、拍桌子，就有好处吗？不管怎么说，老板毕竟是老板，他需要维护自己的尊严，需要有人承认他的地位，即使领导再开明，再宽宏大量，下属随意拍桌子也很让他难堪，这很容易影响我们的职业生涯。

所以，不要在冲动之下跟老板发脾气，如果真的和老板之间存在沟通问题、理念问题等，可以在大家都头脑冷静的时候，跟老板谈谈心，把问题谈一谈，不要用发怒来处理问题。

李正霖因为业务的事跟老板生气了。本来业务失误并不是他的错，但是老板不由分说地批评了李正霖一顿，李正霖很委屈，觉得老板太差劲了，一点能力都没有，总是喜欢骂人，小李思来想去觉得不甘心，晚上就递交了辞职信。

老板也很爽快，付清了工资就让李正霖走了。李正霖走出公司大门后才意识到，自己又将踏上找工作的路，又要面临沉重的生活压力。而自己是非常喜欢这份工作的，可是因为自己的一时冲动丢掉了工作，也不可能再回去了，李正霖默默地叹了口气。

你觉得在盛怒之下辞职离去很潇洒吗？不排除有人辞职后能获得更好的发展，但对更多人来说，辞职就意味着一段时间收入的不稳定，要重新找工作，重新熟悉环境、建立人脉；而对我们的老板来说，无非就是再招聘而已。如果工作不适合自己，或者想换一个更好的环境，那么辞职另谋高就是很正常的。但如果因为跟老板的一点矛盾，就觉得委屈和生气，辞职是毫无意义的。

如果你觉得老板无能，请别急着怪罪。老板关乎行动，而不是位置，老板到了那个位置，不等同于具有完美无瑕的领导力。所以不要去跟老板“死磕”，某些时候不能讲公平或者公理，《共鸣领导学》一书的作者安妮·玛琪提醒我们：“现实就是，这个人在组织里比你更有权势！”不论觉得老板如何无用，除非你想要毁掉你的事业，否则不要跟老板生气，也不要总是一气之下就动辞职的念头。这样的做法会让你打不赢任何职场战争。

2.失宠于老板要三思后再辞职

在工作中我们常常会犯错误，例如不经意间说错了话，或者工作做得不到位等，给领导留下了特别恶劣的印象，从此不招老板待见。这时候，我们会感觉自己在公司就是多余的，辞职似乎成了唯一的选择。

其实不然，失宠于老板要三思后再辞职。首先你要先想清楚，你为什么会失宠于老板？如果你失宠是因为工作能力的问题，那问题就很严重，就算你一气之下辞职了，在其他公司也未必能做好，还不如先待在这边好好学习业务、提高能力，等到能力能够在其他的地方获得等价的报酬之后再离开也不迟。

2015年年初，方向梅应聘到一家美容会所，而老板正是她的同乡。女老板看方向梅长得漂亮，人也灵巧活泼，非常喜欢她，常跟她聊天，有时候约她一起逛街，方向梅甚至参加了她的家庭宴会。两个人渐渐“形同姐妹”，私下，方向梅管老板叫“玲姐”。

之后，玲姐让方向梅做了店长，方向梅在其他员工面前就有了优越感，大家心里虽有想法，但也不好表现出来。

对方向梅来说，如何让玲姐称心，成了她每天想得最多的事；但她上任3个月后，店面营业额不升反降。2015年11月，玲姐又招来一位新人，一个月后，新人被升为“店面总监”，这对方向梅显然是种变相的降职，令她大为不快。

终于有一次，新总监布置工作的时候，方向梅公然抵触：“我做不了。”并与总监发生了争执，会后玲姐严厉地批评了她，并说给过她机会，可她并没有做出工作业绩。自视甚高的方向梅三天后就辞了职，而玲姐也并未挽留。

辞职后的方向梅开始踏上求职之路，但同级别的职位，她根本能力不及。以往的高职高薪，不过是老板的宠爱造成的“泡沫现象”，这才让方向梅陷入了沉思。

无论我们离职的原因是什么，都要三思后再辞职。虽然很多人都会抱着“东家不做西家做”的心态，觉得自己能够适应这个社会且有恃无恐。

很多时候，辞职只是一句话的事情；但要重新入职别的公司却需要相当多的时间和精力去磨合。抱有辞职想法的你有没有设想过一个问题：假设你到了新公司，辛辛苦苦花了半年时间终于在团队中找到了自己应当扮演的角色，坐稳了自己的位置，而此时你却不幸地发现，你的顶头上司不待见你，那么到时候你又该怎么办呢？

所以说，辞职并不是解决方法，而是需要我们三思而后行的决定。

魏媛大学时学的是新闻专业，毕业后却阴差阳错地进入了一家网络公司做宣传。魏媛的内心里是喜欢自己的新闻专业的，她希望在报社、电视台做新闻，只是有人告诉她：“你刚毕业，这家公司给的薪水又高，你就别挑了。”魏媛就去了那家网络公司。

一年之后，魏媛终于心生厌倦，对工作实在提不起一丝兴趣，再加上她跟几个同事有些误会，关系也不愉快，魏媛便找到了领导，说：“领导，我不想干了，我想去南方城市待一段时间，在那边发展。”

领导很诧异，以为她是嫌工资低，便说：“这样吧，下个月给你提高 20% 工资，好好干，你干得很不错。”魏媛说道：“领导，我不是要涨工资，我真是不想再干了，我学的是新闻专业，我想有点自己的追求。”

领导跟魏媛说了挺长时间的话，领导明白了魏媛的意思，劝她：“你一个女孩子，孤身跑到南方从头再来，你想过这样有多艰难吗？再说，你的父母都在这边，你去了南方可能就只能一年见一次了，你想好了吗？咱们公司的确不适合你，这样吧，我不强留你，我介绍你到我朋友公司，他们是做新闻网站的，去南方的事你再好好考虑一下。”

如今，魏媛已经在那家新闻网站站稳脚跟，收入稳定，工作也很舒心，她很庆幸自己没有冲动之下跑去南方。

冲动辞职不应该被提倡。有些急性子的人在与公司“有问题”后想到的办法就是辞职，工作不开心辞职、工资太少辞职、不喜欢老板辞职、工作太累辞职……但辞职不是解决问题的最好办法，我们要学会冷静思考：老板为什么给的工资少？老板为什么不待见我？为什么我的同事关系这么难搞？为什么工作做不来？好好思考一下这些问题，看看问题是出现在自己身上，还是真的出现在公司身上，再决定是否辞职。

尤其不要用辞职来要挟老板，不要以为提出辞职，老板就会给你升职加薪，老板不会因为这种压力而妥协。除非，你工作业绩异常出色，否则对于公司来说无非就是走掉一个员工，重新招聘就是了。而对于你来说，职场黄金年龄不过十年，每一年都耽误不起。

很多人一冲动就离职了，却忽略了对辞职后出现问题的思考，对此我们一定要有一个现实的态度。如果你接下来不能马上找到工作，手里的积蓄又能让你维持几个月？这一点务必要考虑清楚。所以，辞职换工作前，应该慎重思考，并对自己的职业有清晰的规划，这样才是对自己负责任，也是对其他人负责任。

3.恋人有了误会，去消除，不要负气分手

“曾经有份真挚的感情摆在我面前，我没珍惜，直到失去了才追悔莫及，人生最痛苦的事情莫过于此。如果上天可以再给我一次机会，我会对那个女孩说三个字——‘我爱你’，如果要在这份爱前加一个期限，我希望是——‘一万年’。”

这句深情的告白深深地烙印在许多人的心里，“爱你一万年”的誓言更是此起彼伏。

然而，在这个快节奏的时代，闪婚闪离似乎已经是家常便饭，以前无人问津的离婚处现在已门庭若市。大街上，咖啡厅，角角落落都可以看到你侬我侬的情侣，但也总有一处会伴随着大吵大闹的分手情节。这是为什么？为什么恋人之间产生了误会，不是想办法去消除，而要大吵一架然后负气分手？

2016 年，一个网友在他的新浪微博里更新了一篇日志，这是一封他含泪书写的信，乞求得到女友的原谅。

给深爱的分手女友的一封信：

乖！

请容许我还能这样叫你，大学四年都叫习惯了。分手的时候就有想写信的想法了。这次放假是我一个人的假期，我有时间把埋藏在心底的话说出来，拿起笔却又不知从何说起，想对你说的话很多很多，但坐在这里想起你，你的影子在脑海里一遍一遍地浮现，我感觉我们好久都没说话了。

离开你的日子并不是那么地轻松，我的生活变得更空虚，更难受，更压抑。我这几天总是莫名其妙地发呆，脸上带着莫名其妙的痛苦。朋友们问我怎么了，

我只能说我们完了，娟把我甩了。当然咱俩不存在这样的问题，我只是觉得你比较爱面子，就当是我最后为你做的好事吧。

让我欣慰的是我没说过你一句坏话，没有在心里责备过你，当然我也没有资格。我时常想起你，想起和你在一起的日子，这种对往事的回忆给了我很多快乐。在很多的时候我沉浸在其中不能自拔，我也会被动地思考很多问题，静下心来想起了许多许多事情。

乖，在这个时候，对你的希望使我在内心深处从来没有孤单过。这些都不在话下，我最怕的是感觉不到咱们之间的希望所在，那才是一种真正意义上的孤单。你不在学校的这段时间里，我总有种想去找你的冲动。

乖，你能原谅我吗？你真的认为我将来不会给你幸福吗？恋爱的时候你总说我抽烟，说我身上不好闻，自从你回家以后我就戒烟了，不知道什么原因，戒了就戒了吧。你总说我脾气不好，我答应你，以后对谁都彬彬有礼。宝贝，我还有机会吗？我们还能不能重新再来？

前世五百次的回眸，才换来今生的擦肩而过；相逢即是有缘，相爱更不知缘有多深。因此，能够走在一起需要多么深的感情！又为什么会因为一点小小的误会就要背对背离开呢？

有一档电视节目的名字叫作《爱情保卫战》，主要是为一对对即将或者刚刚分手的恋人答疑解惑，根据他们的问题来分析是不是需要考虑消除隔阂重新在一起。

两个人在一起，不论是什么关系都易产生误会，这是交集产生的必然反应。但是，每个人的性格又大相径庭，因此面对误会太多，人第一反应就是发怒、生气，接下来就是各种不计后果的反应，到最后即使误会解开了，关系却回不去了。

恋人之间有了误会，你愿意去为了消除误会而抚平生气的情绪吗？听过有这么一个词，叫作“恋爱成本”，并不是单纯地指恋爱的时候所花的金钱，而是涵盖时间、金钱等各种物质消费和精神消费，更重要的是你的爱，这个是无价的。当你因为一个简单的误会，一时之气下就闹分手，到最后只会两败俱伤。

很多恋人都希望对方能一整天待在自己身边，但这是基本不可能的，每个人都有自己的事情要做，所以不能相互约束。两人闹矛盾了，首先千万不要动手，如果动手，即使误会解除也只能再见。

当然，闹矛盾了，要懂得有进有退，如果双方都在气头上，那就什么话也不要说，保持沉默，这样就进入了矛盾后的第二状态——冷战期。

冷战期不能太长，时间太长对方就会更加讨厌，越讨厌越生气，所以在冷战后缓和一下下就赶紧去把说话的权利找回来。

许多恋人都喜欢在生气的时候提分手，然后另一方就在生气之下同意分手。这种情况导致的最后结果是一个成功成为“醉”人，而另一个则成为“泪”人。

没有人敢说自己的爱情没受过伤，在爱情中面临这种问题时有很多人都变得不耐烦，吵了架就不耐烦要分手，分手一段时间就发现自己不爱对方了。爱情中要把这种浮躁的态度摒弃，感情这种东西非常脆弱，虽然彼此深爱着对方，但浮躁会使爱情变得特别急躁。

每一段感情都值得珍惜，爱情里要有耐心，吵架的时候要有耐心，心里明白只是吵架而已，不要产生不耐烦甚至想分手的想法；异地恋要有耐心，清楚“两情若是久长时，又岂在朝朝暮暮”的道理，短暂的分别将会让爱情熬制成最香的酒。

任何人年轻的时候都不太懂爱情，关键在于要学会在爱情中成长；年轻的情侣时常吵架，还要面临非常大的生存压力以及各种各样的问题；有耐心，青涩的爱情才会有成熟的一天，你我才会品尝到最美的果实。

4.夫妻吵架，冲动离婚悔恨多

美国婚姻问题专家温格·朱利曾写过一本书，叫《幸福婚姻法则》。在这本书中有句话很经典："再恩爱的夫妻，一生中都会有100次想离婚的念头和50次想掐死对方的冲动。"

相信很多人第一次听到这句话的时候都觉得不可思议，但仔细想想之后也是深以为然。再恩爱的夫妻，在一起久了必然少不了磕磕绊绊。从相爱到相守，这个转变的过程中有着太多的难题，柴米油盐酱醋茶的纷扰都会让两人有矛盾产生。

调查显示，有三分之一的离婚行为属于冲动型，事后常会悔恨，而且以年轻人居多。这充分说明了很多人一冲动就离婚，这给自己的家庭造成了极大的伤害。冲动是魔鬼，冲动时都会失去理智，易做出让双方都伤心的事。

张女士讲述了自己的亲身经历。张女士说，她和老公结婚多年，儿子也3岁了，生活很稳定，但她总觉得美中不足，婚姻里缺了点浪漫。

她老公脾气虽好，却很木讷，张女士觉得老公没有一点情趣，所以张女士心情不好的时候就和老公吵架；可老公基本不回嘴，两人吵个架都吵不起来。张女士就觉得，老公这是心里没有她，所以才这么无所谓。她越想越气，这几年，一吵架她就把离婚两个字挂在嘴上，一直以来，丈夫或者不理睬，被逼急了要表态，就说不同意。没想最后一次，丈夫终于改口了，说离就离，成全她。

两人约好第二天办离婚手续，张女士却有些舍不得了，她觉得丈夫其实也不错，担心自己一离婚就后悔。

夫妻吵架其实是一种情感的宣泄方式之一，也是夫妻生活重要的组成部分，感情再好的夫妻也有吵架的时候，因此，有些夫妻就是在不断的吵闹中增进了情感交流，增进了相互之间的了解，协调了夫妻之间情感的和谐。

但有些急性子的人在吵架的时候，说话不经过大脑，尤其喜欢拿离婚说事儿，实践证明这是一个非常愚蠢的行为。因为在这种情况下很容易就真的做出离婚的决定。“离婚就离婚，谁怕谁啊”的想法往往就会占据整个脑海，就算是碍于面子也会冲动离婚。因此，夫妻吵架应该就事论事，千万不要意气用事，自己对某些事情表达完自己的不满情绪后就可以收场了。

夫妻吵架应该秉承“床头吵架床尾和”的原则，千万不要拿离婚来要挟对方。一对夫妻闹情绪的时候，往往搞不清自己是冲动离婚，还是考虑成熟了的。

鉴别的方法是，真的决定离婚之前，给自己一些时间，衡量一下五个方面的问题：第一，法律分离，决定用什么方式离婚，协议还是起诉；第二，经济脱离，财产的分割是不是想清楚了，今后的生活是不是有保障；第三，感情离婚，是不是真的对婚姻绝望，双方已经没有一点不舍和挂念；第四，社会离婚，如何面对家人和朋友的询问，如何向孩子解释，不让孩子受到伤害；第五，心理离婚，对于离异这样的新身份是否能接纳，是否准备好重新回归一个人的生活或单独抚养孩子。

所以说，吵架之中再生气也不要提及离婚二字，即便是真的想离婚，也要慎重考虑，不能因一时冲动就不计后果。

那年，李想的妻子认识了一位男士，他风趣、有才情。也许是和李想的婚姻关系太冷漠，也许是她的情感太寂寞，总之男士给她带来了特别新鲜的感觉，就好像又重新有了恋爱的激情。过去的几年里，她不修边幅、不爱出门，躺在沙发上可以一天不吃饭……遇见他之后她变了，她重新容光焕发。

李想似乎察觉到了妻子的变化，极其理智地问她："你是不是在外面遇到欣赏你的人了？"妻子点头说是。

李想很快回答说："那是好事儿啊！但是要注意把握好'度'。"

这一点都不像一个丈夫说的话。

妻子好奇："怎么把握度？发展到跟你离婚行不行？"

李想摇摇头说："不行，要不我也不跟你废话了。"

李想沉思一下补充说："很多人都跟我们一样，这就是婚姻。如果两个人老有激情，就累死了。两个人这么熟悉了，不小心摸到对方都跟摸到自己似的，还能有激情？所以，我们的婚姻没有问题，是你对婚姻的认识有问题，不成熟。现在你遇见这个人，他给了你新鲜感，你就觉得他好，我们俩不好。错！如果你跟他结婚过上几年，就会发现我俩的今天就是你们的明天，而且还不如我们。因为我们俩从一开始就没隔着心，有了儿子，一起买了房子置了家，你和我，挣来的每一分钱都给了咱们儿子、咱们的家。你和他呢？从一开始就是两家人，他有闺女你有儿子，谁都怕自己孩子吃亏，所以永远分不均。有激情时，糊里糊涂地过；激情没了，对方就成了外人，到那时候，你就后悔了！所以，你要是觉得跟他一起更好，你就去吧。"

听了丈夫一席话，妻子犹如醍醐灌顶。她一把抱住李想，眼泪"哗"一下流出来。从那以后，妻子再也没和那个男人来往过。

对于吵架的夫妻而言，离婚往往只是两个人头脑中一闪而过的念头。因为没有谁真的愿意抛弃和自己同甘共苦多年、说好相扶到老的那个人。每一位妻子都要从十指不沾阳春水的文艺女变成一个会洗衣做饭的好妻子，每一个男人都要从浪荡不羁的孩子变成负责持家的好丈夫。

当你学会如何去经营一个家庭和婚姻的时候，脑袋中想离婚的频率会越来越低，即使吵架了，也只是简单吵吵，不会因为一时冲动闹到离婚的境地。

5. 一言不合就动手，让你后悔莫及

人与人之间的交往，冲突是必然的，但一言不合就动手打架，这是千不该万不该的。不论是朋友还是陌生人，一言不合就动手，势必会造成非常严重的后果。

什么是动手？动手就是挥起拳头打向对方，这样必然有一个人会受伤，到时候没有谁能够好过。打架的人会被法律惩治，被打的人饱受疼痛的煎熬，双方的亲人朋友也会担心不已。

网络游戏纯属虚拟，可有些人却深陷其中，因游戏起冲突也就成了常事。

4 月 1 日晚 9 点多，小李在寝室内看电影，而室友小严则和高中同学连线组队玩英雄联盟，可玩到兴起时，小严外出接电话，便叫小李代玩几分钟。

小李说，虽然自己平时也和室友玩这款游戏，但都是在同寝室内沟通，而小严和几名在外地的同学都是靠语音软件交流，说的都是方言。因为沟通不畅，加上不熟悉所选游戏角色的技能，上线玩了不到五分钟，小李的角色便“挂”了。这时，网络那头的四人开始埋怨小李，小李不甘示弱也开始回击；没多久，双方就开始争吵起来。对方其中一人说了一句“信不信我来温州找你”，而小李也回了一句“不来温州你就是孙子”，这样就埋下了祸根。

室友小严回到寝室，也不知双方发生了冲突。第二天上午 10 点多，他的四名高中好友分别从杭州、上海、上虞等地坐动车到了温州。他们告诉小严，自己过来是要“解决问题”，并买好了当晚 6 点的回程票。

双方一见面就“火药味”十足，四人之中的一人带头上去掐住小李脖子，其余几人也对小李一顿暴打。见场面失控，室友上前阻止，这时小李眼角已血

流如注。

室友报了警，小李被送医救治，而动手的四人也被带到了派出所接受讯问。四人当中，有三人还是在校大学生，只有一人已经工作，当民警问及他们为何会为了游戏冲突而大老远赶到温州时，对方才后悔称都是因为当晚那几句气话而起。

现在，打人的四人都已被警方处以治安拘留五日的处罚。

因为游戏不远千里来打架都能发生，那自己身边因为一言不合当场打架的事情更多了。一句不合心意的话，一个非常讨厌的动作，又或者多看了对方一眼都会引起一场不开心的冲突。可是，有没有想过为什么要这么冲动？就不能心平气和地坐下来谈吗？动手打架能够解决什么问题，最多只是徒添伤悲而已。

《中华人民共和国刑法》第二百三十四条【故意伤害罪】故意伤害他人身体的，处三年以下有期徒刑、拘役或者管制。

犯前款罪，致人重伤的，处三年以上十年以下有期徒刑；致人死亡或者以特别残忍手段致人重伤造成严重残疾的，处十年以上有期徒刑、无期徒刑或者死刑。本法另有规定的，依照规定。

第二百九十三条【寻衅滋事罪】有下列寻衅滋事行为之一，破坏社会秩序的，处五年以下有期徒刑、拘役或者管制：

(一)随意殴打他人，情节恶劣的；

(二)追逐、拦截、辱骂、恐吓他人，情节恶劣的；

(三)强拿硬要或者任意损毁、占用公私财物，情节严重的；

(四)在公共场所起哄闹事，造成公共场所秩序严重混乱的。

纠集他人多次实施前款行为，严重破坏社会秩序的，处五年以上十年以下有期徒刑，可以并处罚金。

国家法律对于打架有明文规定，一言不合就大打出手是要付出代价的。当愤怒冲击在胸口，你将其化作力量打出去，虽然自己解气了；但很有可能换来的是无休止的悔恨，到那个时候，再后悔也晚了。

我们要学会在愤怒的时候控制自己暴怒的情绪，让自己冷静地想清楚，要明白因为一言不合就动手造成的后果是什么，什么后果是你承担不了的。许多人都不愿意去控制自己的情绪，所以他们都进入了铁窗。可即使他们再后悔也是无济于事。他们留下的只有亲朋无尽的难过，和自己深深的忏悔。

6.盛怒之下，也绝不要做伤害自己的事

美国著名心理学家彼特认为："世界上大概有一半人具有自虐狂倾向，这一半人觉得自己浑身上下都是缺点，做什么事都不顺心，逐渐丧失了自信，而且心甘情愿地让别人压在自己的头上。"

自虐，也就是对自己的肉体和精神进行损伤，也就是自残。很多人在盛怒的时候，都会下意识地做出发泄的行为，其中常见行为就是用拳头去击打墙体，有的甚至用头去撞墙。这些都是不理智的、严重的自残行为。

裴女士自从和丈夫离婚后，总觉得自己什么都干不了，认为离婚过错完全在自己，终日郁郁寡欢。有一次她在做针线活时，无意中用针扎了自己一下，当时她感到这种感觉很美妙，让她很舒服。

于是每隔几天，她就用针扎自己。时间长了，她感到光扎针也不过瘾了，于是她就尝试着把第一根针埋到体内，她感觉针在自己体内的感觉比针刺更好，

就这样，每隔五六天，她就把一根针埋到自己的体内，直到最后一根针扎到她的坐骨神经上，不能让她正常走路时，她才到医院进行治疗。当时她的体内已经埋下了30多根针了。

盛怒之下，也绝对不要做伤害自己的事。但是现如今，绝大多数人在不高兴的时候就会去酗酒作乐，在酒桌上买醉，用酒精麻痹自己。这样的行为已经就是在伤害自己了。

我们要注意，发泄情绪千万不能拿自己的身体开玩笑，即使再不高兴，也绝不做出伤害自己的事情。

现在，因为一些原因做出自残行为的人越来越多，自残只是为了缓解自己的心理痛苦，分担承受自己的心理压力，分散自己的注意力。

北风小时候是个呆萌的孩子，常常被人戏谑为“傻子”。他两岁半才开始讲话，反应迟钝，经常被小伙伴们欺负。

因为比较笨一点，北风经常受到父亲和母亲的暴力和侮辱。

有一次赌博归来的父亲因为输钱生气，打北风以致打断了四根竹竿；才5岁的北风，在床上躺了足足一个月才好。

有一次，北风失手丢了父亲的手表，北风的母亲强行扒光北风的衣服，把他赤身裸体赶出家门；邻居和同学的眼神带给北风极大的羞辱，他的自尊被撕碎、被践踏成泥。那一年北风11岁。

上了初中的北风更是凄惨，他被高年级欺负，必须一周交一次保护费，否则就会挨打；他如果不帮助坏学生写作业，放学就会被堵在角落一顿拳打脚踢……

一天周日，他因为没考好，又被母亲一顿斥骂。

他觉得自己再也忍不了了，伤心之下，他喝下了早已藏好的老鼠药，还拌进了一些杀虫剂。

所幸，他被抢救了过来。父母终于知道了他这些年藏在内心的苦，开始关心他。学校里欺负他的那些坏孩子，也得到了相应的处罚，再也不敢乱来。

北风决定再不自杀了，因为只有活着，才有改变生活的可能。

很多人都觉得只有伤害了自己才能获得别人的注意，其实不然，自己伤害自己，只能在别人的心里留下“弱者”的标签，虽然别人会在表面上关心你，但是在心底只会嫌弃你的行为。

虽然，自己伤害自己痛的是自己，但你应该知道，伤口的痛并不能缓解内心的悲痛，面对自己的心痛，你应该找机会把自己的内心话讲给别人听，把自己的困境说出来，让他们来帮着你用正确的方法解决问题。

盛怒之下伤害自己的并非王者，因为你并不能更好地保护你自己，甚至连压制自己的情绪都不能做到。要知道，古往今来，凡成大事者必有静气，只有能够压制自己的愤怒，你才能成为王者。

7.心情“慢”下来，不做“路怒族”

随着社会的发展，我们的马路越来越宽，但是交通却越来越拥挤。现在的堵车情况严重，尤其是上下班高峰期，马路上堵得苦不堪言。

堵车，已经成为现在出行的一个很严重的问题。上学迟到，上班迟到，约会迟到，谈合作迟到……这些都容易给人们造成极大的困扰，许多人的愤怒随之而来，脾气暴躁的人已经破口大骂。如果再遇到不文明行驶，更容易被激怒，做出不当的行为。这就产生了生活中典型的“路怒族”。

其实，无论是开车还是生活，我们都不可能一路平坦地直达目的地。当无法按照预计的时间到达目的地的时候，我们要让自己的心情“慢”下来，不急不躁，调整好心态，平心静气。

圣经里有一句话：“不轻易发怒的，大有聪明；性情暴躁的，大显愚妄。”我们要明白，大部分的愤怒是没必要的，其实就是自己气自己。如果遇到堵车，你再愤怒也无济于事，还不如放松心情，让心情变得愉悦。

2015 年 5 月 3 日，成都三环路娇子立交桥附近发生了一起打人事件。事件起因竟然是因为一名女司机突然变道，最后被后方的男司机逼停后拖出车外进行暴打。但是没想到，很快剧情出现逆转，原来揍人之前还有铺垫——先是女司机飞速切换三条车道，别了男司机，男司机的“路怒症”爆发，上去也别了一次女司机。

同样是在 5 月 3 日，在昆明昆石高速阳宗海往昆明方向，一辆奔驰轿车在过收费站时企图插队，与另外一辆奥迪车上人员起了冲突；在收费站工作人员和其他车主的劝说下，双方各自开车上路，但冲突并没有结束。之后奥迪车停到了应急驾驶道上，一名老人下了车，奔驰车也随之停了下来，在争执过程中，老人被奔驰车卷入车底最终导致身亡。最后，奔驰车驾驶人被刑事拘留。

中国医师协会曾经做过一系列的相关调查，最后的调查报告显示，百分之八十受调查的“开车族”在不同的程度上受到“交通心理烦躁症”的侵袭，对上班、出行都会产生逆反情绪，并且有“开赌气车”的经历。对于部分人来讲，早早被闹钟叫起本来就有气，而堵车和不文明的交通行为都会成为导火索而导致愤怒值满值并且对他人进行攻击。

相关专家根据事件分析指出，驾驶员在驾驶过程中面临的各种压力，比如说交通拥堵、天气恶劣、车辆事故，或者其他司机的不文明行为等都容易造成“路怒”。“路怒症”不仅对驾驶员的心理造成不良影响，更威胁到驾驶安全。因此，心情激动时最好不要驾车，要控制好自己的情绪。平时的一些不良情绪可通过打球、跑步、跳舞等方式排解，不要长期让精神和身体处于紧张和劳累状态。

阿强是一名有着“路怒症”的车主，他说起他自己的一次驾车经历。事情起因是他在一个小路口，因为不熟悉路况，错过了绿灯掉头的时间，后面的出租车在窄道抢道，差点儿引发交通事故。自己当时就摇下车窗提醒对方不要危险驾驶，可是对方不领情，反而恶言相对，而且不断地变道挑衅自己。后来，阿强在一处宽阔的路面强行超车并且把对方的车逼停，然后当着乘客的面揍了出租车司机一顿，直到对方“服气”才罢手。

市民张先生也曾经“路怒”过，他因为赌气直接撞碎一辆出租车的保险杠。事情经过是这样的：张先生全家出行去旅游，要去市内接人所以开车慢一些，后面的出租车想超车但是交通指示灯变成红灯，所以张先生没有让他过去。从后视镜里，张先生看出租车司机的嘴型在骂人，然后脾气当时就上来了，挂上倒挡直接把对方保险杠撞碎了。最后不但赔了钱，还耽搁了自己的时间。

其实，“路怒”只是不能控制情绪的表现，是在一个相对比较容易暴躁的环境下造成的情绪爆发。人的情绪需要自己驾驭，这是一个人的基本能力和涵养。如果不能很好地把握自己的情绪，随意发泄就会出现一系列的相关问题。对个体来说，平时容易急躁、好胜心重、对别人的要求也比较高的人最容易成为“路怒族”。

能不能控制好自己的情绪是非常重要的，我们应当让自己的心情“慢”下来，在愤怒的时候能够保持一颗平和的心，保持乐观的心态，把不良的情绪全部通过其他比如嚼口香糖的方式发泄出去，这样会好很多。

生活中，有些人喜欢在车里放一张全家福，当遇到堵车的时候看一看，当遇到足以让自己愤怒事的时候看一看，这样会觉得自己是幸福的，并不会因为一时的不愉快而成为“路怒族”。

8.培养自己成为不容易被激怒的人

急性子容易被激怒是不争的事实，而这也是急性子的一个致命弱点，很多急性子在被激怒后会做出一些让自己悔之晚矣的举动。虽然那并非本意，但是盛怒之下，大脑已经不能够思考，生活里有太多这样的例子了，连一代球王齐达内都摆脱不了这种“魔咒”。

在 2006 年 7 月 10 日举行的世界杯决赛中，齐达内开场就利用点球帮助法国队取得领先，马特拉齐随后扳平比分。当比赛进行到 109 分钟时，马特拉齐后场盯防齐达内，两人似乎发生口角，齐达内丧失冷静，突然头部顶在马特拉齐胸口上，意大利后卫应声倒地，主裁判埃利松通过和第四官员交流，向法国队长出示了红牌。

最终，法国队在点球大战中不敌意大利，遗憾地与大力神杯擦肩而过。而在齐达内下场前，法国队一直处于进攻态势，但是齐达内的不冷静行为，使本身局面占有优势的法国队最终输掉了比赛。

镜头捕捉到一代球王齐达内，在自己的落幕世界杯中，他黯然从大力神杯旁边走过。齐达内在接受法国电视台采访时，他说道：“当我在场上往回走时，马特拉齐在身后一直不停地侮辱我的母亲和我的姐姐，他的话语让我实在难以忍受。开始我不想听，但是他仍旧不停地说，最终我没有控制住自己。”

“激将法”或许是激怒别人最经典的运用，通过攻击他人的自尊心和虚荣心等进行言语攻击，让目标愤怒以达到目的。

或许，许多人都被言语攻击过。当然，受到言语攻击的时候，大多数人都会直接对攻击者实施攻击。这是不理智的情况下产生的，如果你遇到这种情况，还是冷静下来，考虑清楚比较好。

其实，在很多人看来，容易被激怒的都是弱者。在姜文主演的《让子弹飞》这部电影中，黄四郎想害县长的儿子，故意让人说他吃了两碗粉却只给了一份的钱。胡石竭尽所能激怒六子，六子果然中计，气怒攻心，费力想辨明真相。最终他选择了极端的做法，为了取得辩论的最后胜利，他剖腹取粉，证明真相。

容易被激怒是一个非常可怕的性格弱点，一个人容易被激怒，就意味着这个人做事冲动，脾气暴躁，做事情不计后果，这种不成熟、不理智的性格大家都是敬而远之的，也没有人愿意为你的被激怒买单。

容易愤怒很让人不喜，所以，我们应该学会让自己能够在被激怒的情况下冷静下来，平静下心情，从容地面对对方试图激怒你的行为和言语，这样才能称得上真正意义上的强大。

我们要明白，人脾气的好坏和人的性格可以说息息相关的，而人的性格却和人的德行有所关联，脾气是能够装出来的，性格也可能持续一时半刻伪装，但德行是完全装不出来的，德行要靠自己一点点地去修炼。

所以，脾气暴躁的人应该在发现自己的情况之后适当进行调节，脾气暴躁就要学会自控。自制力是一种带着成功的力量，每个人都有，但并不是每个人的自制力都强大。那些自控力比较弱的人可以通过修习来提高。

世界禁毒先驱林则徐任两广总督的时候，为了时刻警惕自己性情急躁、容易发怒的毛病，他特意在自己的官邸里贴了“制怒”的条幅。每当想发脾气的时候，林则徐抬头便看到这两个赫然大字，他便如同听到无声的命令，情绪会慢慢地平静下来，三思而后行。

其实，人生苦短，何必计较那么多。那些能够激怒你的也好，不能激怒的也好，都是生活的一部分，我们都需要以平和的心态去面对。面对那些让我们生气的事情或者东西，我们可以选择无视它们。自制力不能让我们操控世界，但可以改变我们对待世界的方式。

所以，不管在什么情况下，千万别轻易被人激怒；只要心静如水，那些激怒你的人自然会消退。这样，你在这场斗智斗勇的战争中就会大获全胜，对方将因失算而灰溜溜地离开。有了这一次的胜利，以后就再也不会有人轻易来激怒你了。

9.避免他人的负面情绪干扰

生活在喧嚣的社会中，我们的周围总是充满形形色色的人，我们能够被他们传递的快乐融化，也能够被他们带来的负面情绪影响。

因为不同的主观和客观原因，导致一些人负面的心理积累太多，这种心理长期地积累，就会引发程度不同的不良反应。各种负面情绪积累或造成脾气暴躁、狂躁不安、自我封闭、悲观惆怅等各种不好的心理情绪，都会随着某种或者某类原因发泄出来，然后倾洒在周围人的身上。

很多人很容易就会被别人的负面情绪干扰，在受到别人的谩骂时会愤怒，受到别人无视的时候会愤怒，受到别人不礼貌的待遇的时候会愤怒，等等。一系列情况都可以算作是别人的负面情绪转嫁，但是你不幸地中招了。

张翔这两天心情很不好，因为他感觉所有不好的事情都被他在三天之内撞上了。

先是股票赔了。这是张翔所有的积蓄，虽然没有全部赔掉，但是也亏不少。

再者是张翔和自己的女朋友分手了，或者说是他被甩了。他心情非常不好，郁郁寡欢的张翔在一夜宿醉之后的第二天被老板开除了。原因很简单：

原来，张翔在股票赔了那天就心情低落，身为部门主管对着一个犯了小错误的下属劈头盖脸地骂了好半天，到最后撞掉了女同事手里的东西也没有说一句“对不起”，下属非常不开心地辞职了，而女同事也抱怨不断。第二天，张翔分手了，然后他就在公司说女人怎么怎么不好，还祸及了所有女性，公司的女性都非常不开心。第三天，张翔带着宿醉的酒气进入公司，没多久就传来他被开除的消息。

老板不是觉得张翔不好，老板只是觉得张翔这样闹下去，公司不出一周就会被搞得乌烟瘴气，张翔身上的负面情绪很强，很容易干扰整个公司的同事。

其实，我们回想一下自己的经历，有多少次就这样照单全收了别人身上的负面情绪？又多少次把自己的负面情绪全部洒在了家人、朋友或者同事甚至是素不相识的陌生人身上？

因此，学会避免他人的负面情绪干扰很重要。心灵的成长是很重要的，没有人天生都能“百毒不侵”，因此我们必须学会如何控制自己的情绪，如何把对方辐散来的负面情绪给阻挡在外，这就显得格外重要。

20 年前，大卫·波莱在纽约的出租车上学到一堂人生课。

那天，大卫·波莱跳进一辆出租车，想去纽约中央车站。开始，一切都好好的，车子安全正常地行驶在右侧车道，突然，一辆黑色轿车冷不丁地从旁边停车场冲出来，横在大卫·波莱的正前方。出租车司机猛踩刹车，车子侧滑出去，轮胎与地面发出尖锐的摩擦声，好不容易才停下来。当大卫·波莱反应过来时，出租车与黑色轿车后备箱仅一寸之隔。

大卫·波莱惊呆了，但是，更令人吃惊的是，明明是黑色轿车的司机差一点酿成重大车祸，可他却探出脑袋，朝着大卫·波莱所乘坐的出租车司机破口大骂。甚至竖起中指，向出租车司机示威！随后发生的事情则更让大卫·波莱震惊不已，出租车司机竟然微微一笑，朝那个家伙挥挥手。

大卫·波莱感到有些吃惊，司机也太友善了吧，于是，大卫·波莱忍不住问他：“为什么你那么做呢？那个男人疯了，像要杀人一样！”

出租车司机回答道：“许多人就像垃圾车，他们装满了垃圾四处奔走，充满懊恼、愤怒、失望的情绪，随着垃圾越堆越高，他们就需要找地儿倾倒，释放出来。如果你给他们机会，他们就会把垃圾一股脑儿地倾倒在你身上。所以，有人想要这么做的时候，千万不要收下。只要微笑，挥挥手，祝他们好运，然后，继续走你的路，相信我，这样做你会更快乐。”

影响我们生活的各种情绪垃圾，常常会使我们的内心如同戴着枷锁一样难以释放，很容易使我们和身边的人都遭到负面情绪的干扰。成功的人往往能消除自身的负面情绪并避免他人负面情绪的干扰，而始终专注于自己认定的重要事情上，心态自然要好很多。

负面情绪会左右我们的思考方式，当你受到自身或别人负面情绪的影响，就会失去正确的判断力，即使是一件看似平常的事，也可能因为情绪的关系而做出误判。所以在做任何决定之前，要好好整理自己的情绪，避免自己受到情绪的影响。

而且，我们必须清楚：生气并不能解决事情，带着负面情绪在生活中都会受到不同程度的影响，还会把事情弄得一团糟。所以如果想做好事情，就应当完全控制负面情绪，避免无意义的负面情绪爆发，用好心情赶走你的坏情绪，做出最正确的判断。

第四章

凡事可以赶，但不要急

1.最短的路未必最快

我们总是不断地在寻找通向成功的捷径，希望可以用最小的力量快速到达目的地；却忘了很多人和我们的心里所想一样的，导致了这条路上总是拥堵；结果我们就被卡在了半路上，只能像蜗牛一样向前缓缓移动。

其实，很多时候走长一点的路虽然会多吃一点苦，却是最快到达目的地的方法。

有一天，一个小职员正赶着上班，这天他的公司有一个很重要的会议，会议中的表现关系到他能否升职，所以不能迟到。无奈他的闹钟却在早晨坏掉了，最糟糕的是还有二十分钟会议便要开始了。

小职员唯有改乘出租车，希望能赶得及参加会议。

好不容易他拦到了一辆出租车，匆匆忙忙上车后，他便对司机说："司机先生，我要赶时间，拜托你走最短的路！"

司机问道："先生，是走最短的路，还是走最快的路？"

小职员好奇地问："最短的路不是最快的吗？"

"当然不是，现在是繁忙时间，最短的路都会交通挤塞。你要是赶时间的话便得绕道走，虽然多走一点路，却是最快的方法。"

听了司机的话，小职员最后还是选择走了最快的路。途中他看见不远处有一条街道交通堵塞得水泄不通，司机解释说那条正是最短的路。司机所言没差，多走一点路果然畅通无阻，虽然路程较远，却很快便到达目的地。

生活中，我们总喜欢走捷径。然而，捷径虽然是最短的路，却未必是最快的。因为有些捷径反而要花更多时间。很多人都喜欢走短路模式，结果每每走进死路里，把大好的时间和青春都浪费掉了。

短路看似快，却未必是最快的。有时，绕一些路，变换一下方法，能更快达到目的。

再说，捷径并不好走，不但荆棘满途，而且充满危险，也没有人可以保证你走的路定可到达终点。寓言家伊索曾说：“想匆匆忙忙地去完成一件事以期快速达到目的，结果总是要失败。”

正所谓“一分耕耘，一分收获”，世上没有免费的午餐，脚踏实地地去走每一步人生路才是明智之举。

张峰是煤矿瓦检队的一名老瓦检员，他在工作中小心翼翼，矿上关于安全生产的各种要求他都能做到。这么多年来，“小心谨慎”一直是大家对张峰的评价。

他之所以一直小心谨慎，源于一件事。是这件事让他明白了，往往只是一念之差，一时的侥幸心理、一次错误的决定、一个简单的动作，就有可能造成令人追悔莫及的后果。

那天，张峰被安排去检查顶板离层仪。由于通风系统调整，矿井安装了新的通风设施，需要穿过的联络巷的风门被临时锁住了。这样一来，本来只有几步远的路程，现在要绕行1000多米才能到，而且路很不好走。张峰很不甘心，他不想绕行。

他环顾四周，想看下有没有捷径，突然发现旁边有一条旧通道可以通过。只是由于通风的需要，这条旧通道里临时筑起了两道有调节风窗的挡风墙，风窗里风速很快，人要是站不稳，一下子就会被吹倒。更危险的是，顶板已经破碎，两旁的支护也变了形。而且这两道挡风墙是用大块方料石砌成的，有几块料石已经从风窗的上部鼓了出来。

穿越这条通道的危险性张峰心里清楚，可是为了赶时间，为了省力气，侥幸心理最终还是占了上风：不就是跨两道墙吗，几秒钟的事情，哪里就能那么背运呢？

想到这里，他鼓起勇气，试探着跨过了一道挡风墙。抬腿、过墙、落脚，一切都很顺利。正当他松了一口气的时候，他发现另一道挡风墙坏得更厉害。

他整了整被风吹乱的工作服，准备强行闯过去，谁料他刚抬起一条腿，由于他的活动，有块料石出现了松动，从上面滑落了下来。他心中一惊，来不及多想，赶紧把身体贴在了挡风墙上……

幸亏那块料石滑向了旁边，不然的话……后面的事情真不敢想象。虽然有惊无险，但他还是被吓出了一身冷汗，赶紧从台阶上跳了下来，忙中出乱还划破了衣服。

这件事情过去好久了，每当张峰想走捷径时，当时的情景就会像过电影一样在他眼前闪过。

成功无捷径，不要企图寻找捷径，也不要相信所谓的捷径。不要企图用最小的努力换取最大的收获，急功近利会让我们忘了勤奋的重要性，乘坐“电梯”固然很快，但会让我们失去攀爬的能力。

只有努力拼搏的人生，才是精彩的人生。美国著名科学家富兰克林认为：人生成败的关键就在于一个人能否每时每刻持之以恒地追求自己的目标。而“持之以恒地追求自己的目标”，就是意志的行为表现，也正是富兰克林成功的秘诀。

没有坚持，就不会有最后的成功；没有恒心，愿望就永远无法实现。胜利只会青睐那些坚韧不拔的人，而并非懒惰、只想走短路的人。

2.每天急匆匆的不一定能把工作做好

做事情的时候急并不是快，反而，急很有可能把节奏拖慢，到最后工作并没有做好。

许多人都在某一段时间忙得要死，比如在节假日之前，就尽量把手头的工作抓一抓，然后许多的工作堆在一起，让人感觉很焦虑。这种焦虑时刻在折磨着自己，心里急匆匆的但是也无济于事。因为做这件事怕来不及，做那件事怕来不及，到最后并没有一件事完美地被完成。

因此，这种现象被称为瞎忙活。工作业绩不能只用忙碌程度来衡量，上班族如果只是“瞎忙活”，不仅把自己搞得身心疲惫，注意力难以集中，让人感觉工作效率很低，甚至会养成懒散的坏习惯。复旦大学管理学博士叶阿次说：“好的工作方法可以快速提高工作效率，但认真工作才是提高个人工作能力的最佳方法。”

在一座不知名的山谷中，有一座禅院，禅院里住着师徒二人。徒弟十分勤奋，不论是化缘还是洗菜，还是陪着施主打禅七。终有一天，徒弟内心挣扎着问师傅，为什么他的眼圈越来越黑?

禅师沉思了片刻，让徒弟给自己化缘的钵里装核桃。徒弟不明用意但还是按照禅师的话去做，连续装了十几颗核桃之后钵满了再也容不下一颗核桃。

紧接着禅师让徒弟往钵里装大米，徒弟依言装了一捧的大米，直到一粒米也容不下。

然后禅师又让徒弟往钵里加水，这一次足足加了半瓢的水进去。禅师问道：“这次满了吗？”

徒弟不知道还能加什么东西，支支吾吾不敢作答。

“你再去拿一勺盐来。”老禅师笑着说。

当把一勺盐加入水里，水依旧没有溢出来。禅师笑着问徒弟：“这说明了什么？”

“时间挤挤总会有的。”

禅师笑而不语，他把钵里的东西倒入盆里，钵又变成了空的。

老禅师边倒边说：“这次我们反着来放。”老禅师先放了一勺盐，再加水，倒满之后便发现不能加入大米，因为加大米就已经开始溢了。当钵里装满大米的时候，老禅师问：“你看，钵里还能加入核桃吗？”

“如果你的生命就是一只钵，当钵里全都是大米这样的小事时，其中就没有核桃这样的大事存在了。”

现实中，如果每个人都清楚自己的核桃是什么，生活就简单轻松了。我们要把核桃先放进生命的碗里去，否则一辈子就会在大米、芝麻、水这些细小的事情当中，核桃就放不进去了。

因此，我们要建立一个有条理的工作系统。许多人工作起来很专注，但是糊涂起来让人抓狂，而且在紧张的工作环境中很容易发生马虎、健忘和凌乱的状况。所以工作如果没有条理的话直接会影响工作效率。所以我们应该建立一个有条理的工作系统，从办公桌上物件的摆放，到建立工作计划，一步步做好安排，一个井井有条的工作系统是可以提高工作效率的。

再次，我们需要专注于同一个工作而不是同时处理多个任务。同一时间处理多个任务，其实不算什么新鲜事。有时候是因为迫不得已，但有时候却是自己的个人习惯造成的。“同一时间处理多个任务”看起来不错，给人感觉你的工作出色，但实际上，由于要不断转换工作内容，它会影响你的专注力和创造力。

专注于某一项工作是很重要的。如果要同时处理几个任务，你不得不为此消耗精力，这样一来工作效率就会降低。解决的方法是做好工作安排，把相似的工作放在一起，专心做好一个工作直到它完成了为止，再去做下一个工作。

一个礼拜五，老板给阿丽一个U盘说："这个东西很急，很重要，你就是加班也要把它做出来。"

阿丽一听，便放弃了周五晚上和朋友出去玩的约会，然后就趴在电脑前开始加班加点地弄；结果周六拿到老板家的时候，老板看过之后说不行，必须重做。阿丽很不高兴，却也没有多说回去又开始做。

不用想，还是没通过。因为她根本不知道老板想要的是什么样的，老板的要求和目的是什么样的，希望达到什么效果，但是她没有问，所以就瞎忙活了。

如果阿丽能在写之前问一问老板的要求，然后再做个大概，先呈给老板看，这样也不会浪费更多的时间和精力。

如果目标没有达到，所有的过程和客观原因都不能成为原因。不管黑猫白猫，只要抓到老鼠就是好猫，这就是以功劳论英雄的含义。

很多时候，我们强调的都是结果而不是过程，所以我们不能为自己没有完成任务而找借口，只能从过程上总结自己的得失，然后找到不再犯的方法。做什么事情都不能急匆匆地去做，要想清楚、弄明白后一件一件地逐一完成。

3.磨刀不误砍柴工

很多人都遇到过这种情况，锁掉了门或者已经出发才发现有东西落在了家里，然后又慌慌张张地回去取，到最后反而耽误了很多的时间，或许正因为如此才错过了很多风景。

喜欢自由行的朋友都知道攻略的重要性，攻略是自由行旅游时的一项必杀技；如果没有攻略，也许你会错过当地的美食，错过当地的风俗，错过当地的烟火……

由此，准备工作的重要性可见一斑。不论我们是在工作、学习还是生活当中，我们的准备工作一定要做好，这样才能更加有效地把握时间。可能你会觉得还可以节省掉做准备工作的时间，其实不然，因为磨刀不误砍柴工。

有一个年轻人到山上工作，每天到森林里面去砍木材。他非常努力地工作，别人休息的时候，他依然还是非常努力地在砍木材，非得到天黑，否则决不罢休，他希望有朝一日能够成功，趁着年轻多拼搏一些。

可是来了半个多月，他竟然没有一次能够赢过那些老前辈，明明他们在休息，为什么还会输他们呢？

年轻人百思不解，以为自己不够努力，下定决心明天要更卖力才行。结果隔天的成绩反而比前几天还差。

这个时候，有一个老前辈就叫这个年轻人过去泡茶，年轻人心想：成绩那么烂！哪来的时间休息啊？便大声回答："谢谢！我没有时间！"

老前辈笑着摇头说："傻小子！一直在砍柴都不磨刀，成绩不好迟早要放弃的，真是精力过剩。"原来，老前辈利用泡茶、聊天、休息的时候，也一边在磨刀，难怪他们很快就能够把树砍倒。

老前辈拍拍年轻人的肩膀说道："年轻人要努力！但是别忘了要记得省力，千万可别用蛮力呦！"

生活中，不论做什么事，都要像战前部署一样，做好计划，充分发挥自己的优势，来弥补自己的劣势。我们只有这样才能在接下来的正式过程中能够达到最好的效果。因为很多时候，成功是留给有准备的人的。

子曰："工欲善其事，必先利其器。"就像砍柴之前需要磨刀一样，我们做事情要做充分的准备；即使准备的事情与之后的事情无关，但只要能有对其有帮助那就不叫白忙活。磨刀不仅仅是为了砍柴，也是为了能更快更好地砍柴。

亨利·谢里是19世纪一名著名的德国考古学家，他从幼年的时候起，就迷恋荷马史诗的故事，从小立志要做考古研究。

因为自己的家境贫寒，谢里知道考古发掘和研究需要很多钱，他选择了曲线圆梦。于是，从12岁起，谢里曼就自己挣钱谋生，先后做过学徒、售货员、见习水手、银行信差，后来在俄罗斯开了一间私人的商务办事处。

虽然谢里曼从事商业和投机买卖，每天面对的都是一些琐碎的、毫无浪漫可言的事务，但他却从未忘记过自己童年时的目标，没有忘记过研究古希腊。用业余时间，他自修了古代希腊语，通过穿梭于各国之间的商务活动，他还学会了多门欧洲语言，这些都为他日后创造“奇迹”打下了基础。

经过不懈的努力，谢里曼终于在经营俄罗斯的石油公司中积攒了一大笔钱。

当人们以为他会大大享受一番时，他却舍弃了有利可图的事业，把全部时间和钱财都花在追求儿时的理想上。他始终坚信荷马的每句话，认为通过发掘，是能够找到《伊利亚特》和《奥德赛》中所列举的所有城市的遗址、荷马所记的英雄的坟墓，甚至发生战争的地方的。

1870年，他开始在特洛伊挖掘，不出几年，他就发掘了9座城市，并最终挖到了两座爱琴海古城——迈锡尼和梯林斯。

作为商人的谢里曼成了发现爱琴文明的第一个发现者，这一发现在世界文明史中具有重要意义，这使他取得了商人无法想象的青史留名的成就。

此时，人们才真正明白，为什么立志考古的谢里曼要花费那么多时间去赚钱，因为考古研究特别是发掘需要大量的资金投入，更需要衣食无忧的状态支撑。

认真地做准备，这是一项非常重要的工作，往往关系整个过程的方方面面，是完成任务中较为重要的一环。没有人愿意失败，但并不是所有人都愿意做好准备工作。其实，正是看起来最不起眼的准备工作，在很多事件中恰恰变成了失败的关键。

磨刀不误砍柴工，当你在金秋时节收获甘甜的果实时，你不会觉得春天里的劳作是多余的，正因为有这些修修剪剪，才收获了最完美的成功。

4.面对一大堆事情，有条不紊就是效率

不论是在工作还是生活中，我们经常遇到好多事情搅和在一起的局面，回想起那个时刻，感觉整个世界都是灰暗的，让人瞬间到达崩溃的边缘。

当一大堆事情扑面而来的时候，很多人都害怕时间不够用、事情做不完而变得十分慌张，内心焦躁不安，然后就着手去做，由于心情没有放松下来，做事很容易出错，到最后原本能按时完成的任务也没有完成，还落得效率不高的标签。

如何才能在这样的情况下顺利地做完事情呢？我们应该知道这些事情的缓急程度，然后依次分类，这样才可以在不拖沓的情况下按照缓急程度一件件完成，不但完成了任务，还提升了工作效率。

赵小刚是某公司新来的员工，因为他的工作岗位上在三个月之内已经走掉了四个职员，所以很多人包括老板都在盯着赵小刚，想看看他能够干多长时间。

其实赵小刚的职位是一个助理，工资不算很高，但因为这个职位流动率比较高，老板又将工资提升了百分之二十。

这个位子的工作绝对都是助理分内的工作，没有任何一件事情超出这个职

位的职责范围。但是，之前的人为什么走？是因为这个职位的工作量不是一般的多。虽然工资较高，但许多人还是宁愿离开。

刚来的第一天，赵小刚就被这海量的工作给吓住了。他面对着突如其来的工作愣了愣神。

沉默了一小会儿的赵小刚开始做这些工作，因为他对公司的业务等都不熟悉，还不能分清楚哪些非常重要哪些暂时不重要。所以他只能一件一件地赶工作，和之前的那几位一样，从上班到下班都像机器人一样，但是幸好他按时做完了所有的工作。

慢慢地，一周时间过去了，赵小刚已经熟悉了公司的里里外外，所以他能够清楚地把所有的工作分为“一级”“二级”“三级”，然后慢慢着手把这些工作按照类别一次做完。

很快，所有人都发现赵小刚没有了之前的忙碌，而且还有时间和同事闲聊。整天笑呵呵的，也看不出来工作压力大的样子，老板也很开心：终于在这个位子上找对了人。

其实，处理一大堆事情只是看起来数量比较庞大而已，对每个人来说，在自己能力之内的事情都不算什么事，无非是时间罢了。因此，我们才会看到一大堆事情的时候变得惊慌失措。

日本效率专家松本幸夫建议，手头任务一大堆时，首先要把任务分类，找出优先顺序，可以按“紧急”“重要”两个标准。先做“紧急又重要”的事情；接着快速完成“紧急不重要”的任务；“重要不紧急”和“不紧急不重要”的任务，则可以暂时放在一边。

松本幸夫认为，做事情首先要弄清事情的来龙去脉，理清楚自己的思路。只有多开动脑筋，冷静思考，才能透过事物的现象，弄清事情的本质，才能发现工作中存在的问题，找到最佳的工作方法。

另外，分清主次、把握重点也是正确解决问题的关键，防止眉毛胡子一把抓、十个指头按跳蚤的工作方法，只有认真思考、分析，做到有的放矢，突出重点，才能避免贻误时机，抓住机遇。

5.一次只做一件事的魔力

“你能不能专注于做一件事啊！你看看你，和我打电话不是沉默就是胡言乱语，又或者就是说没听见，你到底在干什么？”

“啊，不好意思，刚刚忙着回复一个邮件，因为比较匆忙，出了好几次错，正在修改。”

很多时候，我们都忙着同时做两件或多件事情，因为在我们看来这是很轻而易举的事情，却往往在实施的过程中出现错误。这样不仅没有把一件事情做好，还容易让别人误解。

造成这种困扰的原因很大程度上在于我们没有掌握这个简单的工作方法，一次只做一件事。

火车站的问询处，每天都人潮涌动，匆忙的游客都争着询问自己的问题，希望马上得到答案。对于问询处的服务人员来说，工作的紧张与压力可想而知，疲于应对可能是他们的共同感受。

可在问询处，一个胸前挂着组长标志的年轻人面对游客的提问却总是应付自如。

在他面前的旅客，是一个肥胖的妇女，脸上汗水不由自主地往下流着。她十分焦虑与不安。问询处的年轻人倾斜着上半身，以便能更好地倾听她的声音。“您好，您要到哪里去？”

此时，有一位头上戴着礼帽的男子试图插入这个对话之中。但是，这位服务人员却视若无睹，只是继续和这位妇人说话："您要去春田吗？"他根本无须查看行车时刻表，就说："那班车将在15分钟之内到达第二站台。您不用跑，时间还多得很。"

女人转身迅速地离开，这位服务人员立刻将注意力移到那位戴帽子的男士身上。但是，没过多久，刚才那位胖太太又汗流浃背地回来问这位服务员："你刚才是说第二站台吗？"这次，这名服务人员却把精神都集中到那位戴礼帽的男士身上，待回答完那位男士的提问后，才又把注意力转移到太太的身上。

有人问那位服务人员："面对这样众多的提问和急躁的旅客，你是怎样保持冷静呢？"

那位胸前挂着组长标志的服务人员这样回答："我并没有和所有游客打交道，我只是单纯地处理一位旅客。忙完一位，才换下一位。一次只服务于一位旅客，却一定要让这位旅客满意。"

一次只做一件事，会让我们静下神来，一心一意地把事情做完、做好。专心地面对每一件事，即使它只是芝麻大的小事。就像"一手画圆，一手画方"的游戏一样，很多人都在同步进行的时候失败了，到最后圆不像圆，方不像方。

所以，不论做什么事情，专心是重中之重的，"一次只做一件事"，说到底，就是一种专注的力量。现实中，我们常常礼赞"十八般武艺，样样精通"的人，常常勉励年轻人"艺多不压身"，谁知到头来只落得个"样样涉足，个个平平"的局面，导致"艺多不养家"的尴尬后果。

曾有哲人说过："所谓的天才，就是把一件事情做到别人无法企及程度的人。"著名戏剧家李国修也正是这样做的。"我这辈子只想做好一件事，就是'开门、上台、演戏'"，践行这句话，让李国修享有"台湾莫里哀"的美名。谁说这不是专注的魅力呢？

胡佛总统曾对国会议员麦肯利说过：“想要取得成功，获得名誉，你必须专注于某一个特定方向的发展。你千万不可以只有某种情绪或者方案，就立即发表演说，把它表达出来。你固然可以选择立法的某一个分支作为你学习的对象，但是，你为什么不选择关税作为你的学习对象呢？这个题目在接下来的几年中都不会被解决，所以，它将为你提供一个广阔的学习天地。”

从此，麦肯利开始专注研究关税，不久以后，他就成为这个课题上的权威专家之一。当他的关税方案被参议院通过时，他也达到了自己事业上的顶峰。

成功者与失败者的最大区别并不在于他们各自做了多少工作，而在于他是否专注于自己的工作和人生目标，并从中挖掘出多少自身的价值来为这个目标服务。一个人如果能将全部精力与心智投入一项值得的事业之中，那么，他会取得更多的成功。

6.把注意力集中在重要的事情上

生活中，每一天都会有比较重要的事，当然也有很多鸡毛蒜皮的小事。很多人在一天结束之后还是没有能够完成这一天比较重要的事，因为他还在那些鸡毛蒜皮的小事中挣扎。

为什么明知道重要的事情和不重要的事情是什么，但是却偏偏在做不重要的事情而非重要的事情？其实都是因为不能完全集中注意力在重要的事情上，不能心无旁骛地去完成这些事情。

法国作家莫泊桑，很小便表现出了出众的聪明才智。一天，莫泊桑跟舅父去拜访他的好友——著名作家福楼拜。舅父想推荐福楼拜做莫泊桑的文学导师。可是，莫泊桑却骄傲地问福楼拜会些什么？福楼拜反问莫泊桑会些什么？莫泊桑得意地说："我什么都会，只要你知道的，我就会。"

福楼拜不慌不忙地说："那好，你就先跟我说说你每天的学习情况吧。"莫泊桑自信地说："我上午用两个小时来读书写作，用两个小时来弹钢琴，下午则用一个小时向邻居学习修理汽车，用三个小时来练习踢足球，晚上，我会去烧烤店学习怎样制作烧鹅，星期天则去乡下种菜。"

说完后，莫泊桑得意地反问道："福楼拜先生，您每天的工作情况又是怎样的呢？"福楼拜笑了笑说："我每天上午用四个小时来读书写作，下午用四个小时来读书写作，晚上，我还会用四个小时来读书写作。"莫泊桑不解地问："难道您就不做别的了吗？"

福楼拜没有回答，而是接着问："你究竟有什么特长，比如有哪样事情你做得特别好的？"这下，莫泊桑答不上来了。于是他便问福楼拜："那么，您的特长又是什么呢？"福楼拜说："写作。"

原来，特长便是专心地做一件事情。莫泊桑决心拜福楼拜为文学导师，一心一意地写作，最终取得了丰硕的成果。

想要心无旁骛地做一件事，就要控制自己的注意力。无论你从事的是什么工作，都必须专注自己的目标。我们要时刻保持头脑的冷静，只有这样我们才能处理生活中比较烦琐的事情。

研究表明，每个人每天的工作量其实只需要短短的90分钟就可以轻松完成。或许许多人都不相信这个结论，但是这个90分钟是有条件的，必须毫无保留、心无旁骛地一心一意地工作。

这90分钟之前，要选择一个固定的主题，你选择的主题可以是手头上的某个项目，也可以是一个更宽泛的话题。你要确定这些工作在90分钟内一定要完成，所以90分钟就是你的终点线，当你开始的时候，你就会更加专注于这个主题，即使你失败了也没关系，因为你这也更好锻炼了你的专注度。

开始工作的时候要先列出步骤，然后针对接下来要完成的任务做一个详尽的规划，之后就要保证“零”干扰。你要尽可能地在这段时间内不被任何事物打扰，或者直接告诉别人接下来的90分钟内没空。确保在自己的空间内没有可能打扰你的因素存在。

牛顿的天赋并没有明显的超人之处，然而他特别勤奋学习，学习和研究都专心致志，简直到了入迷的地步。他常常一连几个星期都留在实验室里，直到实验完成。有一次，他搞实验入迷，竟把手表当鸡蛋放到锅里去煮。

又有一次，牛顿的朋友来看他，他把饭菜摆到桌上后，又一头钻进了实验室。这个朋友等得不耐烦了，就先吃起来，吃过后没有告辞就走了。牛顿做完实验后出来，一看桌上的盘碟，自言自语地笑着说：“我还以为没吃饭呢，原来已经吃过了！”说着又走进实验室去了。

在生活中，我们要快马加鞭地工作。如果你发现自己的行动减缓了，就得赶快加速。想象自己正处于一场激烈的比赛中。根据90分钟工作法，我们需要整个过程都必须保持高强度的节奏。90分钟之后你有的是时间休息。当然快速工作的本领还是要靠多练习，熟能生巧。

拒绝走神。在每个“高效时段”期间，你只能做预先设定好的工作，心无旁骛。关掉手机，关掉一切可能打扰到你的消息提示。把网络连接断掉，90分钟内不要查新邮件，你也不需要“喝杯咖啡休息一下”之类的借口。

7.列一张清晰的工作清单

美国著名的管理学家博恩·崔西提出了“ABCDE系统理论”，教会人们如何建立一份工作清单。这个理论是把一天内所有需要做的工作项目全部整理出来，然后再贴上ABCDE的标签。其中A是绝对要做的事情,B是较为优先该做的事情，C是要做但不重要的事情，D是可以授权给别人的，E是指可以做也可以取消的事情。

列一张清晰的工作清单，这样可以按照事情的优先级来完成所有的工作，也能根据时间或精力等外在因素而选择放弃去做一些事情。这样做的话，不但可以按时完成重要的工作，还能节省筛选的麻烦，更重要的是不会忘记比较重要的事情。

与同学相比，毕业那年李颖算是比较幸运的，由于出众的外表和本地人的身份，她成功进入一家大型股份制公司。

李颖做的是行政工作，说来技术难度并不是很大，只是工作量特别大。读书的时候，李颖是学校里数一数二的优等生，也曾经获得过不少奖学金；但是到了职场上，她却被每天琐碎的报表、会议记录、PPT弄得头晕眼花。这让李颖十分烦闷，整天愁眉苦脸，怨声载道，恨不得辞掉这份人人羡慕的“稳定”工作。

公司组织出游的时候她认识了比她早三年进入公司的林姐，林姐现在是公司的项目组长。林姐一路听着李颖的抱怨，会心一笑，她告诉李颖，三年前的自己和她一样，每天都要加班到晚上八九点才能办完手头工作，别说娱乐休闲，甚至连陪伴男友的时间都没有，工作和生活一片混乱。

但如今的她，基本到下午两点就已经处理完当天所有事情，可以轻松地听着音乐、玩玩游戏等待下班了，就在这样轻松的工作状态中她还替公司竞标到不少业务，成为去年所有项目组长中拿到分红奖金最多的一个人。而这一切的改变，仅仅因为她一个小小的习惯——一份早上拟定的工作清单。

李颖有些半信半疑，不过还是开始按照林姐的方法，每天到公司的第一件事就是将当天需要做的事按照轻重缓急罗列出来，并设定每个任务的完成时间。一个月后，李颖的工作比以前有条理了很多。工作的质量也有所提高，PPT也做得更精美了，得到了顶头上司的夸奖，当然心情也一扫阴霾。

每天花几分钟时间列出一份条理清晰的工作清单，对一天的工作有极大的帮助。所以，在日常的工作中，我们也要积极养成每天列一份工作清单的习惯，将烦琐的工作打理清晰，按照紧急次序一件件完成，这必将极大地提高我们的工作效率。

其实，建立一份清晰的、一目了然的工作清单，这样做不仅能够充分有效地利用时间，也能够让自己的工作中变得主动，更加有信心。

一份有效的工作清单不但能让你对自己的工作进度一目了然，还可以估量自己的工作效率；可以每天摸索一点能够节省时间的窍门，久而久之，积少成多就能大量节省工作时间。建议列表可以让你尽早中止那些毫无收益的活动；简历列表可以省出更多的时间，然后应对一些突发状况。

或许许多人在刚开始建立工作清单的时候，不太容易进入状态，感觉与自己设想的结果大相径庭，而且还需要花费很多的时间，所以很多人就认为这是浪费时间，因而放弃。

如果你能够坚持下来，能够熟悉这样的工作模式，看到显著的成果的时候，看到自己从这种负面的状态中解脱出来的时候，你的工作将会如期望的那样，做事效率很高，处事井井有条。因为做事情贵在开始，但重在坚持。

8.慢工出细活

“慢慢来，就是快。不走捷径就是最快的捷径。”这是时下流行的工匠的行事风格。哪怕十年只磨一剑，哪怕一生只有一件作品，也一丝不苟，绝不马虎。所谓慢工出细活，因为慢才更用心，慢才更精细，最终出来的作品也就会更精致、更完美。

“苹果之父”乔布斯在审美方面的苛刻和洁癖举世闻名。每一个组件都必须达到完美，一个组件，就算是一个圆弧圆得不够漂亮，那就是一件废品。

看看苹果手机的后盖，你会发现它打磨得如同镜子一样光亮，没有一丝痕迹，没有一点反射光，包括iPod和Mac都是如此。但你知道这个后盖只有0.5毫米，Mac整个笔记本的后盖只有0.4毫米，其外壳的材质都是钛合金的。要在这么薄的情况下打磨一个极致的亮度，还要没有一点瑕疵，这几乎就是一个不可能的任务。就算用高精密仪器来生产，也是一个极有难度的挑战。

不过有一个人做到了，他就是小林研业。他花费了40年的时间，认认真真、一心一意只做一件事，就是研磨。

他为了可以将所有金属表面在冲压加工时造成的划痕磨平，让金属表面更加光滑，使用的工具“抛光轮”从纹理相对粗糙的、切割能力强的型号到如绢丝般柔软的型号超过100种。为此小林在工作后的每晚，都在昏暗的工厂里反复研究粗糙型、中间型等加工效率最高的抛光轮与研磨剂。

终于，他靠着自己的意志力以及对于工业基础的刁钻研习，被苹果公司发现，据说是乔布斯在看后大为惊讶，被这样的技艺征服了，于是苹果公司委托小林研业为“iPod”背板进行镜面加工。

所谓慢工，并不是慢慢工作，而是面对一些需要精益求精的工作，应当慢下来，耐心地工作，追求的并不是快，而是好，是精。慢出来的成功才算成功。

在这个讲究效率的时代，太多的人追求结果，静不下心来，股票、证券等金融市场和彩票都散发着一夜暴富的诱惑。越来越多的人“急”字在手，不经认真思考和准备，就匆忙上马，急躁冒进，想一蹴而就；结果事与愿违，欲速不达。

有一位画家，高产，创作速度很快，几乎一天就可以画一幅画。但是这位画家依然穷困潦倒，无钱养家，因为他的画很难卖得出去。

相反，和他同时学画的另一位画家，是出了名的“慢工”，一年才会画出一幅画，有时甚至两三年才能有一幅画出来。但是他的画一出来就被人抢购了，而且价格昂贵，因而，这位画家很有钱。

高产画家就前去请教，“我怎么样才能像你一样很快就把画高价卖出去？”

慢工画家说：“你花一天画出来的画，估计十年也不一定能卖出去；但是要是你愿意用一年的时间画一幅画的话，我保证你一天就能卖出去。”

于是高产画家回到家，闭门不出，专心画画，花了一年时间，果然画出了一幅新画。画一挂出来，不到一小时，就被人以高价买走了。

很多的时候，快的表象是假的，而真正的沉淀是所有人不在乎或者丝毫不会注意到的。小米经过三四年的迅速发展，公司的规模已经足以让数十年的公司自叹不如。所有人看到了小米的迅速崛起，但是又有多少人知道雷军在金山公司沉淀了二十年？

陷入浮躁陷阱的人大多数是因为自己的速成心理所致的，以为人生可以走捷径，但这世界上根本就没有捷径，最好的捷径是不走捷径。张嘴闭嘴互联网、新三板的，并不一定真的懂，虽然互联网看上去很热闹，新三板也是风生水起的样子，但是真正理解互联网的不多，靠互联网赚钱的也不多，反倒是那些踏踏实实做事儿的，真的把自己的企业做好了。

第五章

永远不要追着别人跑

1.不必非要争第一

争第一，这是每个人都非常热衷的事情。争取到第一，就意味着可以获得所有人的瞩目，这种虚荣心和满足感是驱使所有人争第一的动力。可是，原本为了培养进取精神的优胜方式已经让太多人身陷囚笼，争第一已经发展成一种病态。

2015 年 10 月 23 日，一盘扬州炒饭引发全国关注：扬州花费 15 万元制作的 4192 公斤“最大份扬州炒饭”，在申请完吉尼斯纪录后，被迅速倒掉喂猪。紧接着杭州传来“捷报”：浙江中医药大学大学生及公益使者，将 3004 只内装祈福卡的信封连接成一条总长达 335.23 米的心形信封链条，刷新了世界最长信封链条吉尼斯纪录。12月 10 日，厦门传来“胜利消息”：世界上最大的石斛年糕制成，直径 3 米，将要申报吉尼斯纪录……

看起来，在各行各业，每个人都想要争第一，要与世界最先进水平一较高下。只不过，他们争的某些所谓的第一，好似哗众取宠，并没有任何的意义；反而劳民伤财，花费颇大。

王烨今年大二，平时喜欢跑步。一年一度的运动会开始的时候，王烨积极参加，报了 3000 米长跑。

运动会上，王烨不甘示弱，一路冲锋，他一边跑一边想，这次运动会一定要争第一。眼看离第一名只剩 200 多米了，王烨心想只要一个冲刺就一定会追上他。可是，在这个时候，他肚子突然疼了起来，王烨为了完成比赛，也为了争第一，便忍住了，继续向前冲。

可就在离第一名100多米的时候，王烨倒下昏了过去，同学们迅速将他背到了校医室。醒来后，医生告诉他是“胃出血”，需要做手术，并通知他家里人。王烨听了目瞪口呆，医生通知了家长。半夜里，王烨的妈妈含着泪到医院来看他。

后来，王烨的姑姑跟他说了一句话：“你的精神是好的，只是要量力而行。”

争第一固然是好的，但是我们不要为了争而争。人生只要不断地付出自己的努力，就一定会成为赢家。如果一味地争第一，很多时候反而要崩溃。

在生活中，有太多的人为了争第一，抛弃了自己弥足珍贵的东西，甚至抛弃了自己最爱的人。可是，他们拿到了第一又怎么样，失去了他们生命中最重要的东西，他们没有了分享喜悦的人。因此我们不仅要有前进的动力，还要有前进的能力，静下心来，不要急匆匆地赶路，你会发现，路上的风景有别样的美丽。

小叶以优异的成绩考入大学，她之前一直是班里的前几名，这是她一直引以为豪的。

可是上了大学以后，小叶发现一切都改变了，她自己的成绩排名没有高中的时候好了。现在，她的成绩排在中间，由此她陷入了深深的自责。于是，她找班主任倾诉了心中的苦闷。

班主任说：“现在环境变了，人外有人、天外有天，你需要改变的是你现在的心态，为什么一定要争第一呢？你要想想你现在拥有的，你是一个平易近人的姑娘，写着一手好字，还在征文比赛中获过奖，大学并不是一个只看分数的地方，你需要更大的舞台去展示自己的优秀。”

白岩松在给儿子的信中写道，人生不是竞技，不必把撞线当成最大的光荣。

当了第一的人也许是脆弱的，众人之上的滋味尝尽，如再往下落，感受的可能就是悲凉。

不管处于人生的哪个阶段，获得第一名的名利都让人沉迷，于是为了争夺第一，我们的生命被各种各样的繁忙支配。其实，站在第一位置的人不一定是胜者，因为拿到第一的人在获得最好的风光之后就会站在风口浪尖上。第一名可以换来风光，却换不来一世的顺畅。

争第一的人，眼睛总是盯着对手。为了得到第一，也有很多不温和的手段都会派上用场。也许每一场战役，你都赢了，但夜深人静时，一个又一个伤口，只会让自己触目惊心。何必把争来的第一当成生命的奖杯！我们不过是和自己赛跑的人，在那条长长的人生路上，追求更好强过追求最好。

俗话说："枪打出头鸟。"争第一并不一定是件好事，有时可能会适得其反，令自己反受其害。因此，面对生活中的曲折，我们要静下心来，做生活的强者，而不是做生活的王者。

2.忘记外界的声音，你是自己的人生导演

有人说："人生就是一场话剧，有的人一生都被别人导演，但是有的人却导演了自己的一生。"在绝大多数人眼中，前者必然是可悲的，因为他从来不知道自己想要什么。那么，不要着急，忘记外界的声音，做自己人生的导演。

外界的声音是一个很可怕的东西，过去，你可能很遵从自己的内心，所有事情都是按照自己的原则自己的内心去决定；可是慢慢地，外界的声音越来越大，你可能会动摇，会犹豫，你会质疑之前的自己。就像是一场考试，没有答案的时候你会很冷静地分析题目，按照自己的想法做每一道题，可是看过答案

以后你就不会了，你会向标准答案去靠拢，向更高的分数靠拢。

外界的声音会同化你，把你变成和别人一样的现实的人，你会慢慢地失去自己的想法。在某件事情面前，你不会再轻易开口，而是先看别人的评论是怎样的，再去修复自己，那你的想法是你自己的还是别人的？

这类人是可悲的，就像一个牵线木偶，始终被别人摆弄，也许可以过得很富足，比如说在父母的要求下学了一门不错的手艺，被分配到一个不错的单位。但是他的生活一定是不精彩的，不成功的。有一天他老了，回想起往事，会发现他的人生画卷上依然是一片空白，这多么悲哀。

生命对每一个人来说，只有一次；一旦错过，便像那东去的流水一去不复返了。所以，我们要做自己人生的导演，导演自己精彩的人生。

古人常说："人贵有自知之明。"做自己人生的导演，不要屈服于外界的声音，你的梦想之花将会灿烂绽放。

清朝著名的宰相刘墉是相貌丑陋的人，但他照样可以成为一代名相流传至今……这些人能够成为人生的赢家，最主要的因素就是忘记了外界的声音，导演了自己的人生。

如果有一天，你心中突然闯入了一个想法、一个念头。权衡之后，那恰恰是你想要的，且又合乎情理的，那你就应该不顾及别人的眼光，忘记外界的声音，毫不犹豫地去做。失败并不可怕，可怕的是从来没有开始。记住，只有你自己，才是你人生最棒的导演。

3.不盲目与人攀比，只和过去的自己比

有句名言说得好："生活不是攀比，幸福源自珍惜。"

在生活中，只有认为自己比较幸福的人才是真正的幸福，是真正意义上感受到的幸福。在生活中，我们要放慢脚步，去体味生活的美好，感受生活带给我们的乐趣。只要你回首过去，感觉到现在的温馨与舒心，这就是幸福。

一天，上帝看到人间许多生存者整天抱怨自己时运不济，命途多舛。就想："如果再给他们一次机会，他们会怎样选择自己的人生呢？"于是，上帝来了一次问卷调查。等问卷递上来之后，上帝大吃一惊。

猫："假如让我重新选择自己的人生，我愿做一只鼠。鼠多自由啊！整天四处游荡，饿了随便吃一点，困了随便找地方休息，还不受主人的管束。我多悲哀啊，偷吃主人的一点鱼，就被打得半死。下辈子，我一定要成为一只鼠。"

鼠："如果让我重新活一次，我一定要当一只猫。猫多好啊！吃皇粮，拿官饷，风吹不着，雨淋不着，一辈子衣食无忧，快活似神仙。"

猪："若让我重新再活一次，我一定要当一头牛。生活虽然苦，但名声好，不是有一句名言嘛，'俯首甘为孺子牛'。而我们常被人们谩骂，'你看你就笨得跟猪一样'。"

牛："下辈子，我一定要做一头猪。猪多好，整天吃了睡，睡了吃。你看《西游记》里的猪八戒，活得多潇洒。"

鹰："如果有下辈子，我一定要当一只鸡。鸡多好，饿有米，渴有水，住有房。哪像我们，整天风里来，雨里去，还要时刻提防冷枪暗箭，活得多累啊！"

鸡："假如再让我活一次，我愿做一只鹰。鹰可以翱翔在蓝天之上，任清风抚慰，与鸟兽为伴，与星辰为邻。鸡活着多受罪啊，一辈子与笼子为伴，还要整天担惊受怕，忍受被宰割的命运！"

很多男人写："下辈子我要做女人。可以撒娇，可以邀宠，可以穿漂亮的衣服，可以做公主，使许多男人都拜倒在我的石榴裙下。"

很多女人写："下辈子我要当男人，可以蛮横，可以无理，可以当王，可以征服天下，世界在我眼中唾手可得。"

上帝看了之后，大怒："这些家伙只知道盲目攀比，却不能清楚地认识自己，太不知足了！"上帝当即撕碎了这些答卷，喝道，"一切照旧。"

生活中，我们经常为了一些无谓的东西和别人盲目攀比，殊不知我们身上也有别人需要寻找的优点。人生的路是向前走的，而我们需要做的是认清自己，拿人生中的每一天和昨天的自己相比，只要比昨天好，那就是真正的成功。

年少时的爱因斯坦非常贪玩，常常将母亲告诫他的话当作耳旁风，因而母亲为其操碎了心。然而在16岁那年秋天，父亲讲的一则故事改变了他的一生。

那天，他正要去河边钓鱼，父亲拦住他说："我给你讲一个故事，讲完了你再去钓鱼。"爱因斯坦说："好。"

"昨天，我和你杰克大叔一起去工厂掏烟囱，我们在烟囱中顺着梯子往上爬，你杰克大叔在前，我在后，可是奇怪的是烟囱里的黑灰只落在你杰克大叔的头上、脸上、衣服上，而我从头到脚干干净净。当我们干完活出来时，我看到你杰克大叔一身黑，以为自己也一样脏，于是从头到脚洗了个干干净净。而你杰克大叔看到我浑身干干净净，以为自己跟我一样干净，于是只洗了手便大摇大摆地上街去了，殊不知他到了街上，别人见到他就哈哈大笑，他却觉得莫名其妙。"

爱因斯坦听了之后也哈哈大笑。父亲告诉他，在生活中，我们不能与别人盲目攀比。要认识自己，扬长避短；不能人云亦云，盲目跟风。

在现实生活中，每个人都习惯于把自己和别人相比，与朋友比，与亲戚比，与同学比，与兄弟姐妹比。但是，我们要知道，世界是自己的，与他人无关。面对生活中的曲折，我们要明白自己拥有什么，而不是自己没有什么。不要与别人盲目攀比，只和过去的自己比较就好了。以自己的过去为镜，然后付诸努力，我们的人生将更加辉煌。

生活中，我们一定要认清自己，生命不是攀比，而是要超越自己。只有这样，我们的人生才能如夏花般绚烂多姿。

4.父母期望的生活，是你想要的吗

从呱呱坠地的那一刻起，父母就对我们充满了期望，他们望子成龙、望女成凤，盼望儿女能够在这大千世界中成为一个不同凡响的人物。朋友，千万不要急着顺从父母去生活。你有没有想过，父母期望的生活，真的是你想要的吗？

刘涛的高考成绩比较尴尬，虽然上了一本线，但还远远上不了名校，在父母的意见下最终留在省内一所学校。从得知分数到寄来录取通知书，她在很长一段时间里都处于低迷的状态，甚至不知道自己的未来会是什么样子。

父母为了缓解她的心情，也算是对她辛苦付出的一种肯定，选了一个好日子，定了一个酒店，为她办了场丰盛的升学宴。大圆桌上的菜多到摆不下，父母还为来的每位客人准备了好几箱的回礼，酒店的员工大笑着跟她说："你爸妈弄这么大的场面，感觉就像嫁女儿一样呢！"

场面的确很大，甚至还来了许多她不知名的亲戚、头发花白的长辈们、爸妈的好友们，刘涛到每一桌敬酒的时候，他们都鼓励她说考得很好、没辜负大家的期望……于是她就这么虚荣地有了好心情。

直到后来她敬酒敬到一桌，有一位表妹举杯站起来的时候冷冷地说："还真以为自己考得很好啊？既不是985也不是211，那种学校读出来也没有用，根本找不到工作，现在还要爸妈花这么多钱请客，有意思吗？"

当时她整个人都蒙了，站着不知道说什么好，其他的亲戚马上说：“那也考得很好啊，谁说一定要985才算好学校啊……”后来的话她都没听进去，也记不清他们说了什么，她强忍着情绪送走了客人们。

到最后只剩下一群最亲的家人时，她不知道哪里来的勇气，一边哭一边说：“你们都不知道在沈阳这样一个理科大省里读书有多辛苦，我明明文科更好，却每天都在苦读完全不是自己擅长的数理化，你们总对我提出很高的要求，甚至自己给我选大学、选专业，可是你们知道我喜欢的是什么吗？你们不是我，不会知道我为了高考付出了多少努力，又有什么资格对我的成绩指高指低……”

从小到大，我们在很多人的目光下成长，做父母希望我们做的事，想要努力成为父母希望我们成为的人。即使做着自己不喜欢的事、读自己不喜欢的专业、没有机会去学自己热爱的事物，我们都一直持续。仅仅是因为我们爱他们，才不愿意辜负他们的期待。后来，我们慢慢明白，无论变成什么样子，身边人都会有不同的声音，想要完美地化身成他们心目中的样子，根本是一件不可能的事。因为他们心里就不存在这样一个形象。

读书的时候，父母家人希望你有一个好成绩；当你成功进入班级前列的时候，他们希望你能当班级第一，然后是年级第一、市里第一；再长大一些，他们期待着你能进当地最好的高中，然后三年也稳居班级前列，高考的时候分数比一本线要高出十万八千里，直奔最好的大学；再长大一些，他们希望你毕业就有高薪工作，最好再能有一个优秀的对象……这样的期待永远不会停止，等你努力奋斗达到他们期待中的某一项，他们马上就会对你列出下一个目标。

我们羡慕身边那些勇敢做着自己热爱的事情的朋友，自己却躲在黑暗角落里哭泣，叹息着命运的不公。他们的父母为什么开明体谅，愿意支持孩子去追寻自己的梦想，而我的父母就做不到呢？

我们一定要按父母的期许往前走吗？或许不用，我们要记得，生活得更好是为你自己，没有必要一定要成为别人期许的样子。

可怜天下父母心，父母对我们提出很高的要求，希望我们完成成长中每一阶段的任务，希望我们可以在未来过上安稳无忧的生活，这一切也都是因为他们爱我们，而且不可否认，在未成年时期，父母的管教很重要。只是有时候这种期待会膨大，会有落差，也会与人比较，才让成长中的我们感到些许苦痛。

但我们不一定要成为父母期待的那个样子，随着我们长大，遇见自己视野之外的人与事物之后，认知与价值观都会发生变化。我们会有自己想要的未来，这种蓝图有时与父母的期待相距甚远，但难以轻易放弃。

相信天下没有父母会真的强迫孩子一定要按照他们的意愿过一生，也希望那些没有按照父母意愿成长起来的孩子，别辜负这一份包容与期待。

所以，未来的你也不是一定要成为父母期待的那个样子，每个人都有自己的特长与兴趣，发挥好这样的天分并且努力为之奋斗。虽然那个未来可能不是父母原本所期待的样子，但幸福快乐又健康的你一定是父母期待的模样。

5.每个人都只能靠自己的优势成功

当上帝为你关上一扇门的时候，必然会为你打开一扇窗。因而，没有人被上帝抛弃，每个人都有着上帝赐予的不同的优势，而我们只有把这些优势发挥出来，依靠着这些优势才能获得成功，这也是每个人的优势存在的意义。

什么是优势？在我们小的时候表现出的天赋可以算作优势，天才的天赋显现出来得很早，这种被称作神童。而大部分人的天赋都是隐藏的，需要在特定的时间或特定的机遇才能被发掘出来。每个人，依靠自己的优势注定会成功，也只能依靠自己的优势成功。

当然，如果你拿自己的劣势去做事，这是很吃亏的。毕竟你的劣势就是别人的优势，以己之长攻彼之短，方可大胜，这是亘古不变的道理。

美国希尔顿国际饭店集团创立者唐托德·希尔顿喜欢给别人讲述这么一个故事：

一个穷困潦倒的希腊年轻人到雅典的一家银行去应聘守卫的工作，但他除了自己名字之外什么都不会写，自然没有得到那份工作。

失望之余，他借钱渡海去了美国。许多年后，他作为希腊的大企业家在华尔街的豪华办公室举行记者招待会，会上，记者提出要他写一本回忆录，这位企业家回答："这不可能，因为我根本不会写字。"

所有记者都甚为吃惊，这位企业家接着说："万事有得必有失，如果我会写字，那么我今天只是一个守卫而已。"

人生的诀窍在于经营自己的长处，找到发挥自己优势的最佳位置，只有这样，幸运之神才会眷顾你。

如果在一处碰壁，那么绝对不能灰心，并不是你不够好，而是你恰好没有找到能够发挥你优势的地方。如果你放弃了寻找，也就放弃了成功的希望。

许多人都在想，看到别人做这个成功、那个成功后，会纷纷效仿，结果到头来也没成功，因此觉得自己活得很失败，便郁郁寡欢。但其实，他们只是没有找到属于自己的路而已。

法国近百年来最年轻的首相梅杰，47岁登上首相宝座，为世人所瞩目。然而他年轻时并无超人的聪明之处，16岁因成绩不好而退学，后又因心算差未被录取为公共汽车售票员。好多人想不通：一个连售票员都不能胜任的人怎么当了首相?

面对这种怀疑，梅杰在一次谈话中回答说："首相不是售票员，用不着心算。"从这里我们可以看出，一个人的职业成功与否，并不完全取决于学历的高低，在很大程度上取决于能不能扬长避短，善于经营自己的长处。

“尺有所短，寸有所长。”其实，每个人都有自己的长处，都会有属于自己的发光点。如果能够发掘自己的长处，并且善于经营自己的优势，则能够提高自己的价值；反之，如果总是经营自己的短处，即使再善于经营，也无济于事，反倒会让你自身价值减小。

一时半会儿没有找到属于自己的路不要着急，也不能灰心。寻找自己的优势要从自己的兴趣开始，毕竟兴趣是人独有的特征，也很可能就是优势的启示。我们要相信“条条大路通罗马”，即使我们没能发现自己的优势，但只要找到契合自己的事情，我们也会成功。我们要相信上帝不会关上所有的门和窗，“此门不开开别门”，只要我们努力地一遍一遍尝试，那我们必然会获得更多的机遇。

拿破仑、弗莱明、朱元璋等历史名人之所以为世人所熟知，在于他们把自己的长处发挥到了极致，而将自己的缺点规避到可以忽略不计的地步。有谁会在拿破仑纵横驰骋欧罗巴大陆时留意到他只有一米六二的身高？有谁会在弗莱明孜孜不倦地钻研分离出青霉素时想起他其实是个农民？有谁会在朱元璋浇铸起大明江山时说他曾经当过乞丐？

迢迢生活路，茫茫人世间，我们需要经营自己的长处，发展自己。

6.按自己的节奏奔跑

什么是自己的节奏？自己的节奏就是按照自己的心意生活，不在意别人的目光，按自己的方式和节奏生活，追逐自己真正想要的东西。

生活在快节奏的城市里，我们都在追逐同一个节奏、同一个韵律，似乎已经逐渐丢掉了自己的节奏。这是这个世界的生存法则。

其实，我们应该寻找到自己的节奏，然后按照自己的节奏去生活，或许有可能取得不一样的收获。

小华有心血管病，并伴有气管炎，医生建议他适当地运动。于是，他想到了去公园跑步。

公园的田径场，早晨八点以前和傍晚六点以后向公众免费开放。这段时间也是人最多的时候，小华常常会遇到许多熟人，有快跑的，有慢跑的，还有漫步的、倒行的。其实，如果与这些人结伴而行，一方面，会完成自己的运动训练，另一方面，也比较好打发时间。

可是，小华并没有这么做，他选择了一个人独立运动，他认为："我是有心血管疾病的人，太快了身体受不了，太慢了又起不了什么作用，只有把握住自己的节奏，才是有效的锻炼。"

生活的考验无处不在，很多外在的因素会扰乱我们的心智。有人喜欢写作，觉得自己写出的文字可以影响他人；而有的人觉得写作出名太慢了，而喜欢炒作，一下子将自己放置在大众的眼皮子底下。如果是你，你会做何种选择？

不管在文坛也好，在官场也罢，一味地追求快节奏，都是不切实际的做法。肉体走在灵魂的前面，终究会成为你成功路上的绊脚石。

按自己的节奏奔跑，意味着我们要与别人不一样。也许，我们会遭到别人的质疑、嘲笑，或者谩骂，但是，只要初心不改，那我们一路走来，人生定当精彩万分。

有一个女大学生，她喜欢看书与写作。于是，不论白天还是黑夜，只要一有空闲的时间，她就会到图书馆看书，或者将书借回宿舍。这样一来，她就与宿舍的同学交际少了。

同宿舍的同学喜欢逛街，她喜欢看书；同宿舍的同学喜欢打闹，她喜欢看书；同宿舍的同学半夜喜欢去外面消夜，她喜欢待在宿舍看书。

一天天过去了，宿舍的同学就对她有了意见，甚至在外面说她的坏话，说她晚上躲在帘子后面不出来，也不知道在干什么事。其实，她只是不喜欢看书时被人打扰。终于有一天，宿舍的同学将她大骂了一顿，说她一定成不了作家，并将她赶出了宿舍。

你看，特立独行、按照自己心意生活的人总无意中被人伤害。她欲哭无泪，不知如何是好。她打电话给父亲，哭诉自己遭遇的一切，父亲找到班主任替她换了宿舍。

在新宿舍里，舍友对她非常好，还鼓励她多看书，并夸她很有才华，相信她将来可以出一本自己的书。面对舍友的鼓励与示好，她非常感动。

虽然她被伤害了，但她仍不改初衷，依旧看着自己喜欢的书，写着自己喜欢的文字，偶尔在网上投稿子，按照自己的节奏奔跑在人生这条阳关大道上。

在生活中，那些按自己的节奏生活的人，常常会遭到外界的指责和评判，因为很多人不能接受别人与自己不一样。但是，当一个人选择按照别人的节奏生活时，别人做什么你就做什么，不被别人接受的事情你想做都不敢做，一心只求与他人一样。也许看起来你是安全的，听不到那些评判的声音，但你的内心不快乐，你得到的不是真正想要的，那你的人生又在为了谁而活？又有什么意义呢？

所以，不要在意别人是怎么看你的，也不要害怕自己与别人不一样。找到自己的节奏，按照自己的方式生活，就像读书一样专注和努力，不在乎与他人相比是快是慢，不在乎那些外界的声音，相信自我的选择是正确的，继续自己的里程，坚持按自己的节奏奔跑。为自己而跑，奔跑在自己的人生路上，一定能够跑出广阔的天地，见到独属于自己的美丽风景。

因此，在这个快速发展的社会中，我们一定要静下心来，静待花开。有诗曰：“行到水穷处，坐看云起时。”

找一个适合自己奔跑的节奏，你的人生将是另一番天地。

7. 坐在路边鼓掌的人

在现实生活中，“英雄”是一个让人无比向往的称谓。很少有人愿意放低身段，只默默地低头做事。相比于去做那些坐在路边鼓掌的人，每个人都愿意做英雄。

但是，亲自参与固然精彩，为别人喝彩也何尝不是一种圆满？人生在世，普普通通就好，成为英雄值得让人敬仰，但是能成为英雄的又有几人？当英雄路过的时候，坐在路边静静鼓掌的人也很棒。

“当英雄路过的时候，总要有人坐在路边鼓掌。”“可是，我不想成为英雄，我只想成为坐在路边鼓掌的人。”年幼的女儿对妈妈说道。

著名作家刘继荣老师的《坐在路边鼓掌的人》这篇博文引起了很多网友的共鸣：

雨佳：“家长用平和欣赏的心态对待孩子至关重要！当下的教育体制，令家长们步履匆匆，真应静下心来反思，千万别因为走得太快，而忘记了我们为什么出发！”

无妄清清：“稳稳的幸福，简简单单的幸福，平凡的幸福才是真正的幸福！珍惜生活，感恩生活！感动！”

花语：“孩子给我们的幸福触手可及，多好，情商高比智商高要有实力多了，不是吗？把握这稳稳的幸福吧，祝你们好运！”

木木鱼：“为这个温暖的孩子感动，让人心疼，我愿意我将来的孩子没有那么多物质的负累和对这个社会的取悦，只是单纯地做个快乐、温暖、向阳的人，像一株温暖的向日葵，心中有爱，无畏悲伤。”

无妄清清：“这个孩子是耐得住寂寞的人，脚踏实地，不图虚名，没有被外界的名利所打扰，做一个真实的，有包容心的自己。真实的自己是最美的！”

吾静思老顽童：“世间龙凤有几人？芸芸众生一大群，平凡平常大多数，好高骛远累身心。甘愿鼓掌为英雄，定位平常守本分，安安稳稳过日子，健康快乐幸福来！”

在现实生活中，大多数的人都被物质、名利所累，很少有人想做一个坐在路边鼓掌的人，这个孩子与众不同，她情愿做一个在路边鼓掌的人，而不是成为人人羡慕的大英雄。

现实生活中，每个人都在努力进步，很多人的进步也不仅仅是为了让自己比昨天更好，而是为了成为英雄。他们不愿意做“花瓶”，也不愿仅仅去做“幕后”，他们都想来到台前，挺起胸膛告诉世界自己才是英雄。但是，有时候坐在路边鼓掌也是不错的。

美美和林林是一对好朋友，毕业后，两个人失去了联系。几年之后，当美美再次见到林林的时候，林林穿着一件浅绿色的风衣，走在灯红酒绿的人群中，斜刘海自然垂下来，遮住弯弯的眉角，很美丽。林林对美美说：“这么多年了，我终于学会了坐在路边鼓掌。”

高中时候的林林张扬而霸气，她的脸上永远带着属于胜利者的微笑，眉宇间带着落拓，还有潇洒的走姿，无论林林参加什么比赛，最后都一定会站上领奖台，绚烂而夺目。而美美，总是坐在角落里为她鼓掌，为她开心。

高三下学期的全省优秀学生评比，林林理所当然地入围。是最后一号，上场之前美美打趣她道：“最后一号压轴。”

然而结果还是让人失望了，看着落选的林林，美美有些不敢相信。林林哭着躲进墙角，眼神慌乱，像一只受伤的小鹿。那一次美美才明白，林林其实并不快乐。

后来林林说，她浪费了百分之八十的快乐就是为了那百分之二十的成功，她很孤独，也很难过，她一点儿都不快乐。

高考以后，林林去了一个很远的城市里念大学，带着受伤的翅膀和不愿再做英雄的想法离开了。

坐在路边鼓掌的人，并不是缺乏奔跑者的拼搏、进取的精神，也不是对周遭事物冷眼旁观之人，而恰恰是这个浮躁的时代里所需要的人。

相声大师马季先生曾有一段经典《五官争功》，里面的“鼻子”“眼睛”“耳朵”“嘴”都对主人发牢骚，都说自己的功劳是最大的。这种现象在生活中何其之多！有很多人干什么都要争，耐不住性子争功，做什么都不甘人后，甚至在开车的时候，有人也要在路上“争风吃醋”，不甘心被落在后面，总要加快速度去超越对方。这种行为是十分危险的。

人心总是不知道满足的，随着这种争抢心态的扩大，人会越来越变本加厉。争抢本身就是一种痛苦，不仅带给自己痛苦，也带给别人痛苦。所以我们要像水一样，与物无争，与世不争，学会做一名在路边鼓掌的人。

8. 人生永远没有太晚的开始

摩西奶奶曾说：“有人总说，‘已经晚了。’但实际上，现在是最好的时光。对一个真正有所追求的人来说，生命的每个时期都是年轻、及时的。”

其实，在生活中，有很多的人在抱怨“已经太晚了，我没有时间去学习了，不然的话我也能成功。”但事实上，这都是给懒惰找借口罢了。对于真正有追求的人来说，不管做任何事情，都不会急于求成，而会脚踏实地、一步一个脚印，在时光中慢慢沉淀，放飞自己的梦想。

其实，生命的意义在于燃烧，永远没有太晚的开始；做最喜欢的事情，上帝很乐意助你一臂之力。不管多少岁，没有太晚的开始，因为，对于下一秒来说，这一秒开始就不算太晚。

苏斯，1923年出生于美国。

50岁之前，她的生活轨迹和一般女子毫无差别，平静得如同一泓湖水一样，没有一丝微波。时光飞逝，浪花如昨。

50岁这一年，苏斯对时装产生了浓烈的兴趣。她到服装店做了一名售货员，开始仔细观察流行的时装趋势，调查女士们的穿衣喜好。后来，在家人的支持下，苏斯开了一家公司，创立了自己的服装品牌。几年后，她的服装生意蒸蒸日上，她在服装行业也声名远扬。

海湾战争爆发时，苏斯已经63岁。她做出了一个令人吃惊的决定，她要参军。于是，她不顾丈夫和儿女的强烈反对，坚持要参军。经过多层筛选和严酷训练，她成为一名合格的空军战士。

70岁的时候，她喜欢上了音乐和荡秋千，并开始积极学习意大利语和法语。在此之前，她对音乐一窍不通，更没有受过什么训练。她请了音乐老师，每天来家里给她上音乐课；还请了外文教师，教她别国的语言。苏斯就是这样一个爱学习也善于学习的人，知别人所不知，懂别人所不懂。

85岁时，苏斯在一位朋友的介绍下，第一次走进瑜伽课堂，并深深爱上了这项运动。做瑜伽的她活力四射，身体灵活柔韧，可以轻松地做各种高难度的动作。她双手撑地，身体悬空，与地面保持平行，可以单腿独立一个小时以上。

92岁高龄的苏斯，喜欢上了探戈，当她体态轻盈地在地上旋转时，迎来了观众一阵阵的喝彩声。就是这样一个女子，她用这种特殊的方式在生活这个大舞台上舞蹈。

其实，人的一生能够找到的自己真正喜欢的事情并不多，而做自己真正感兴趣的事情更难得。只有真正喜欢的事情才能增添足够的生活乐趣，才会让你成为一个有意思的人。不管你处于哪个年龄段，只要喜欢，就放手去做，不要总觉得太晚，自己成功不了。就像摩西奶奶一样，她 76 岁开始画画，80 岁在纽约举办个人画展，90 岁作品畅销整个欧美，100 岁时她影响了后来成为文学大师的渡边淳一。

许多事情不只是我们想想就算了的，必须去试一试，试了才有机会成功；不试，连机会都没有。

王薇薇，2015 年福布斯发布美国白手起家的女性排行榜上，她位居第 34 位。

王薇薇的成功与婚纱有着不解情缘。

在 40 岁时，王薇薇创办了属于自己的婚纱品牌。创业的念头源自自己 39 岁时的婚礼，那时她找不到一件称心如意的婚纱，于是萌生了开创定制高端婚纱礼服的想法。就这样，一个 40 岁的婚纱设计“门外汉”，开始了一个全新领域的大胆尝试。

创业早期，与大多数创业者一样，她的婚纱并没有名气，而她也没有钱做广告。但她一直没有放弃自己的设计理念，默默坚持。她的用心渐渐打动了那些明星朋友，他们相互为王薇薇的婚纱做宣传，于是，她设计的礼服渐渐成为明星婚礼上最炙手可热的宠儿。现在，“没有 Vera Wang 的婚纱就不要结婚”这句话已经深入人心，王薇薇建立起了一个属于自己的婚纱帝国。

张爱玲曾经说过一句话，“出名要趁早，来得太晚的话，快乐也不那么痛快”。正因为这句话，让现实中很多年轻人都背负着生活的枷锁在前行，为了尽早地实现梦想反而变得苦不堪言。张爱玲的话并没有错误，最重要的是要正确理解。

张爱玲处于政局动荡不安之时，她觉得要在短暂的稳定时局中尽早成名，这样才不至于被淹没在时局大浪之中；而我们处于稳定的时局之下，就应该有耐心地去努力，不辞辛苦地去奋斗。

面对生活，无论做什么事情，都要慢慢来，千万不能急于求成，也不能过早放弃努力。成功不会因为你的年龄而受到限制，它在乎的是付出，是不辞辛劳的努力。不管什么时候，我们都应该保持年轻的心，不急不缓地行走在生活这条路上，只要我们不会止步不前，终究会抵达成功。

第六章

成功就是每天进步一点点

1.越没本事的人越渴望一夜暴富

这个世界上，有一些人，他们没本事、没钱、没地位，剩下的就是一个破败的梦想——一夜暴富。这些人最大的缺点就是懒惰，他们不想着如何勤奋地改进、充实自己，只想着如何一步登天。希望一觉醒来，所有的名誉、地位扑面而来。多么愚蠢的想法啊！

这样的人，会把失败归结在其他方面，自身却仅停留在幻想，没有付出任何行动。对于长期处于自卑状态的人，每天这样的幻想只能给他们带来一丝心理安慰。

时下，不少人都在做着“一夜暴富”的梦，投资股票者有之，狂买彩票者也有之。抱着一个投机的心理幻想“一夜暴富”，这样的人十有八九是会跌跟头的。

胡哥大学毕业后，总想如娱乐圈的影视明星胡歌一样，万众瞩目，有名还有钱，然而，幸运之神好像从来不会眷顾他。

一天，他看到电脑彩票投注站，便抱着试一试的态度买了几注。

那时候彩票站才刚起步，胡哥买的几注第一次就中了10元钱。这一中，他一发不可收拾，初次尝到了中奖的甜头，自然不会就此撒手。胡哥就开始买彩票，没过多久又中了60元，又过了一段时间中了150元，胡哥投入得也越来越多。

他天天买，体育彩票，福利彩票，各种形式的彩票都买，那时的胡哥简直就成了一个彩票购买狂，白天上班、黑夜睡不着觉都在想着买彩票中奖。结果是越赔越多。

妻子和孩子都劝胡哥停下来，胡哥则是谁的话也听不进去。赔得没有资本了，他碍于面子，就让妻子以借钱还房子款的名义找亲朋好友借钱买彩票，买最多的时候一天就是几千元。到最后欠了十几万的外债，日子越来越窘迫。

有新闻报道称：美国一位50岁女子，上班途中买咖啡时顺手买个强力球彩票，居然中了3.1亿美元，激动得大哭。

一夜暴富，是所有彩民的梦想，大家都希望这样的事落在自己身上，尽管这概率微乎其微，但是彩民们依旧乐此不疲，希望有一天咸鱼翻身成为富翁。

金钱这种东西，还是靠自己的双手赚来最踏实，天降大奖、不劳而获的金钱不一定是福，说不定是祸。

据台湾TVBS网站报道，台湾基隆的一名林姓惯窃，怀疑侄子偷走彩券，双方争吵引来警方关切，追查之下才发现，他3年前竟然中过800万头彩，还无比风光到大陆娶妻置产，买房、买家具，大肆挥霍，钱花光了，妻子也不见人影，缺钱花用又重操旧业偷窃，前不久才刚假释出狱。

只是他始终认为自己很有运气，继续购买彩券，2天前发现彩券不翼而飞，怀疑是侄子拿走，两人大声争吵，引警方上门，就发现他的摩托车没车牌，警方怀疑是赃车，将他函送法办；如今他又沦为窃贼，发财梦碎。

奢求一夜暴富，天上掉馅饼，那掉下来的很可能就是陷阱。

一夜暴富，这种从天而降的“惊喜”很有可能会变成“惊吓”。就如有人说，突然得到这么多钱，会觉得整个世界都是充满恶意的。你会觉得接近你的人都是不怀好意的，注视你的人都在盯着你的钱袋，甚至觉得别人亲切地喊你的名字也会是为了钱。当你觉得整个世界上都没有了好人，感觉真的好吗?

福布斯榜单上的那些人，没有人是依靠天上掉馅饼登上去的。大海虽然浩瀚，依旧是由无数小水滴组成的。华尔街的投资高手，不管是索罗斯还是巴菲特，他们的财富也是从一单单的交易中积累的，没有几十年的积累他们也不可能拥有今天的成就。

一夜暴富是不可能的，我们要努力地充实自己，努力工作，用自己的双手获得属于自己的劳动成果，即使收入微薄，但这都是我们的辛苦所得。只要我们努力，每天进步一点，相信终有一天会成功。

2. “一夜成名”的人都是运气好吗

我们总是羡慕那些一夜成名、站在镁光灯之下一呼百应的人，然而有谁的成功是一蹴而就的?

他们看似一夜成名，从一个默默无闻的人物瞬间红到发紫，看起来运气指数真是好到爆表。但他们的成名靠的仅仅是运气吗?

其实所谓的运气，不过是他们比普通人更努力，更拼命。

我们总是习惯于拿自己的运气跟别人的努力做比较，如果单凭运气就能坐拥名利，那努力这个词早就在励志的字典里销声匿迹了。

我们羡慕他们成名后住豪宅、开豪车，可我们不曾看到他们当年身无分文地蜗居在冬天寒冷、夏天炎热、常与蚊虫蜘蛛相伴的地下室。

他们都是百炼成钢的铮铮强者，运气在努力之下都是微不足道的。

富豪迈克·阿登努加说:“你越努力，运气就越好。”美国的杰弗逊总统也说过:“我是绝对相信运气这回事的。并且我发现，我工作越努力，运气就越好。”

人生的路，需要一步一步往前走，需要坚持不懈地努力与付出。假如有谁告诉你，他用一天的时间获得了成功，请你不要相信，世上根本不存在捷径，成功从来不是偶然的。

“两句三年得，一吟双泪流。”信手拈来的诗句里，蕴含着的是多年的苦思。“台上三分钟，台下十年功。”歌手一曲成名的背后，凝结的是多年的苦练。“三更灯火五更鸡，正是男儿读书时。”学子金榜题名的背后，铭刻的是多年的苦读。成功从来不是简单的“偶然”，而是成功者历尽千辛万苦寻觅的过程中的一个灵感、一个反思、一次实验。

一夜成名的人并不是靠运气，没有人能够随便成功，都是自己拼出来的。成功是一个艰苦而又漫长的过程，其中的快乐和辛酸也只有当事人才能体会，旁观者只是看到他成功的一面，却很少去了解成功的背面有多少艰辛和泪水。

3.每个人都是从基层走出来的

很多年轻人不屑于做基层或者琐碎的工作，一心想做大事，到最后往往什么也做不了。要知道，企业需要的是实用型人才；掌握专业知识固然重要，但不能纸上谈兵，只有理论联系实际，将所学的知识应用到实践中，才能有更好的发展。

沃纳考的总裁琳达·乔依·沃切纳对自己的评价是：“我有种永无止境的欲望做好事情——越接近目标越好。”但她没有妄想要一步登上梯子的顶端。她明白自己只能一步一步往上走，不要放弃热情和停止攀登的脚步，而且每一步都走踏实。

她16岁从高中毕业后进入布法罗州立学院，主修商业管理。大学时，沃切纳的工作狂现象就很明显，每个假期，她都到纽约百货商场打工。她回忆说：“我在那儿的每家商场都做过售货。”这给她未来的事业道路打下了基础。在大学里，琳达积极参加课外活动。她还当考试监考，批阅卷子。琳达 1966 年 20 岁时毕业，获得工商学士学位，并踏入了服装零售行业。

琳达梦想拥有自己的公司，但她还是从底层起步。1969 年她被沃切纳聘用为胸罩采购员。她不管新职位是什么，都毫不迟疑地去接受。在 22 岁时，她成为在曼哈顿 34 街区的马西斯最大商场中最年轻的采购员。在琳达当采购员的 5 年中，她成了服装行业的专家。

琳达后来成为主宰沃纳考生产和人事大权的犹太母亲。她在 45 岁时实现了经营和拥有自己列入《幸福》500 家行列大公司的业绩的愿望。她是仅有的三位列于《幸福》500 家大公司的女董事之一，另两人是玛丽·凯·阿什和《华盛顿邮报》的凯瑟琳·格兰汉姆。

琳达·沃切纳的经历在商界产生了轰动效应，她在承担的每个职位都表现绝佳，令人称道。

眼高手低，好高骛远，把目光投向虚无缥缈的高职位，不肯在基层工作中投入精力，这不仅仅是对工作的不负责任，也是对自己将来发展的不负责任。职场没有神话，不可能一步登天，只有循序渐进地积累实力，从最平凡、最基础的工作做起，在简单、低微的工作中寻找成长的支点，才能最终实现职业梦想。

所以，员工刚进入企业，不要一味地追求高职位、高薪水，更需要的是脚踏实地、放低姿态，一切从基层做起，接受磨砺，战胜挫折。

要想在事业上有所发展，不能靠一套一套的理论，而要靠解决实际问题的能力，必须经过基层的磨炼方能胜任。

从基层做起，不是一件坏事，还会有事半功倍之奇效。一个人放低姿态，并没有失去什么，反而能收获更多。

如今，社会上的人们逐渐变得浮躁，总是不停地追求各种自己期望的东西，却对追求过程中的“小”问题根本不去理会。殊不知，这些“小事”正是一个个通往成功之路的阶梯。

许多人，尤其是年轻人对日常的工作不感兴趣，总希望担重任，干大事，快成名，早享受。对日常重复性的工作得过且过，“差不多就行了”，“混”过去了事。长此以往，形成了一种消极无责任意识的习惯。即使有一天给他们重担，他们也没有能力去承担。这些人眼中只有森林，没有树木。

人与人之间本没有多大的差距，差距往往来自对细节的关注程度。对细节关注程度的不同，会造成不同的结果，久而久之，便渐渐拉开了人与人之间的差距。

记住，世事皆无“小”，事事都是工作，只要是能产生结果的一部分，无论大小，都值得我们去重视。在工作中，只要觉得没有达到最佳效果，无论是多么“小”的细节都应该被关注并获得改善。能够在那些司空见惯的事情里，发现值得关注和提升的小事，并能在它们未变成大问题之前加以解决，这就是最了不起的本领，也是成就大事业的关键能力之一。

4.无论做什么，开始都不要怕付出得多

在现代社会里，人与人之间的交往都是利益居上。谈判桌上的合作是这样的，朋友之间的来往也是这样的。不论是物质上还是精神上，每个人都觉得，付出就一定要有回报，至少是平等量的回报，如果没有对等的收获就宁可不去付出。

无论做什么，开始都不要怕付出太多。不要计较自己付出了多少，不要计较自己今天吃了什么亏，相信总有一天你会守得云开见日出，得到加倍的偿还。就如同秋天的收获必定要依赖于之前付出的汗水和辛劳。

有记者问科比："你为什么如此成功？"科比反问记者："你知道洛杉矶凌晨4点的样子吗？"记者摇摇头。科比："我知道每一天凌晨4点洛杉矶的样子，每天凌晨4点我都在去往球馆练习篮球的路上。"

成功没有其他原因，成功就是比其他人多付出一点。只要你愿意稍微探索多一点，你离成功就很近了。当接受每一个任务的时候，如果自己愿意比别人付出多一些，那么就一定会成功。

成功源于希望。希望是一个人怀着的愿望——盼望能够获得所愿望的东西，并且相信他是能够获得它的。一个人对自己所希望的东西能有意识地做出反应。而他的下意识会主动暗示他发出心理力量，内在的驱动力就能引起行动，这就是希望的作用。

在《听风者》这部电影里，男主角阿兵是个盲人，而他在听觉上有令人难以置信的特长。对无线电台细小声音捕捉的精准，对不同音频音色微弱差异的辨析令人佩服。于是才会有了在《听风者》20分钟处，阿兵清早出门同701人员玩的那场跟踪与反跟踪的游戏。喧闹集市上每个角落被放大的声音，都标示着位置与方向的改变，标示着以各自轨迹移动的路人。将这些信息尽收耳底后迅速做出判断的何兵，才能轻松以残障之躯甩掉健康的追击者。然而，在女主角关心之下，阿兵眼睛得以复明，眼睛复明反而影响了他的耳朵听力，最终失误导致女主角被害。在万般自责之下，阿兵残害自己，让双眼再度失明，并在电台旁坚守两天两夜最终识得对方无线电信号。

成功就是比别人付出更多一点，多付出而不是乱付出，这种付出源于你对工作的专注。而这种专注建立在"你认为你行，你就行"的基础上。

5.循着兴趣，一步步成为你想成为的样子

每个人都有自己喜欢的东西，也有自己想要做的事情。也许想做一名作家，想当一名医生，想成为一名老师，等等。

然而，每一份梦想的实现都不是一蹴而就的，任何成为自己想成为的样子的人，都是一步步成功的，就像你想走上领奖台也需要踏上每一层石阶。脚下的路还很长，慢慢走，当你成功的时候，再回过头看看你走过的路，那路上的心酸和眼泪都是值得的。

循着兴趣，一步步成为你想成为的样子。每个人都有着理想，却不是每个人都有足够的执着和努力。只要功夫深，铁杵也可以磨成针。

曾经有一位63岁的老人，从纽约长途跋涉到达佛罗里达市的迈阿密，记者采访了她。记者想知道，这路途中的艰难是否曾经吓到了她。她是如何鼓起勇气徒步旅行的。老人答道："走一步路是不需要勇气的。我所做的就是每天一步步朝前走，每天走一点，每天走一点，一步步地走，我就到了这里。"

这不是简单的坚持，而是有兴趣的坚持。只要循着兴趣，每一份坚持都有足够的勇气和动力。

就像天文学对于普通人来说是一个非常梦幻的事业，每天观看星星的移动，追逐流星的轨迹，寻找星星的秘密。但其实当把观星当作事业的时候，就需要足够的兴趣了。不是所有人都能够坚持在每一个夜晚观看星星眨眼睛。

曾经有一个故事是这样说的：记者询问国际数学大师陈省身为什么当初选择数学，陈省身回答，"我别的都不会，只好做数学。"无独有偶，记者采访著

名画家黄永玉，问他当初为什么学画，他的回答也是，别的什么都不会，只好作画。两位大师的话如出一辙，他们的成功证明了，兴趣是多么地重要。

6.成功是一辈子的事，给自己足够的时间

我们都知道，姜子牙年近八十才被封为太师，可谁知道他八十岁之前在干什么？

几十年间，姜子牙勤学苦读，孜孜不倦地研究探索，可谓上通天文，下通地理，学识渊博。他学习各种能力——军阵演练，排兵布阵，占卜之术，等等。一切博学、杂学，让姜子牙拥有了足够多的知识，最后帮助武王伐纣功成名就。

成功是一辈子的事，要给自己足够多的时间充实自己，做好准备，才能一鼓作气冲到成功的终点。

成功的路上不能着急，时间是我们的，成功是用时间换取的，如果没有支付足够的时间，必然会得到残缺的成功。就像《西游记》中所说，要一步一步走到西天去取经，否则孙悟空一个筋斗云就到了，这样的成功不足以换取经书。

天色渐晚，一个卖橘子的小贩想赶在城门关之前走到前面的一座城。小贩问一位路人，他要什么时候才能抵达城门。路人回答说："如果你慢慢走，关门之前能到达。如果你走得很快，就到不了了。"

小贩感到很奇怪，他没有领会路人的话，开始快速赶路，却因走得太急，打翻了橘子，不得不停下来捡拾满地的橘子，也最终没能在关城门前到达。究其原因，是因为小贩一心只想着赶路与到达，失去平和的心态，以至于最终自乱阵脚，打翻了货物，耽误了时间。

可见，急于求成，心态浮躁，会把最简单、最熟悉的小事办糟，何况富有挑战性的大事呢!

贝多芬写《合唱交响曲》用了39年的时间，他将无数次的灵感串联成了旷世佳作。如果他急不可耐地希望完成作品，一个小时便作完曲子，我们还能听见他发自内心的《欢乐颂》吗?

越王勾践为了灭吴受了许多年的凌辱。他没有草率地为报一箭之仇而出兵吴国，而是卧薪尝胆，用平和、坚定的心不断提升自己，等待最佳时机。可见，坚定而又平和的心态才是成功的基础。

一针一线都细心缝制的帆，才能迅速而安全地将我们送到成功的彼岸。用焦急与功利心打造出的船，只能将我们埋葬在失败的大海中。

1981年，美国普利策小说奖颁给了《笨蛋联盟》的作者约翰·肯尼迪·图尔。消息传出后，人们纷纷前来祝贺，图尔的母亲向人们讲述了这部作品背后的故事。

那是12年前，图尔耗尽心血写成了首部长篇小说《笨蛋联盟》。他对作品非常满意，可在出版商那里，却屡屡被拒绝。图尔失望至极，最终在一个雨夜用子弹结束了自己32岁的生命。他留下遗言:“我对作品和人生都彻底绝望了。像我这样没希望的人，唯有用死来解脱。”

得知儿子的噩耗，母亲悲痛欲绝。可想到儿子生前的心愿未了，她很快擦干眼泪，带上书稿一次次敲响了出版社的大门。遭到无数拒绝和嘲讽后，她又把书稿寄给了多位文学界的大家。终于，在图尔去世十年后，他的作品引起了著名小说家沃西·珀西的关注，并把他推荐给一家出版社。结果，书一上市就受到读者追捧，最终赢得了大奖。

讲完往事，年迈的母亲感叹:“得奖本该是好事，可惜图尔再也看不到了。人生难免遭遇失败，但只要理想和信念还在，成功就不怕晚十年。”人的一生，只要不选择逃避、绝望，就有逆转的机会。

成功是需要花一辈子时间来完成的，我们需要的是，在成功之前的无数个岁月里，能够充分并且努力地学习足够的知识，不管这些知识和未来的成功是不是有关系。

哈兰·山德士先生在迈向衰老的时候才创出肯德基这么大的商业帝国，不是因为他幸运，而是他从没有想过放弃，他相信自己能够成功，即使是在生命的尽头。

给自己足够的时间，十年、二十年，甚至是一辈子，尽管这十年、二十年或者一辈子都是默默无闻，只要每天都在进步，就会成功。

不要觉得成功对于自己太过遥远。你还没有用尽一辈子去尝试，怎么能够说你不会成功呢？刘邦四十多岁的时候才开始打天下，他都没有放弃，为什么你要放弃呢？

不要觉得成功太难，如果你愿意花足够的时间去做，你会发现很多想象不到的东西。

7.爱上每天努力一点点的自己

做什么事都不能急于求成，就像春天的庄稼要到秋天才能收获一样，做事应该一步一步来，一天天努力。

成功来源于诸多要素的几何叠加。正如数学乘式中每次只增加了 0.1，乘积就会成倍增长。每天笑容比昨天多一点点，行动比昨天多一点点，创新比昨天多一点点，效率比昨天高一点点，假以时日，我们的明天将会有天壤之别。

很多人都渴望一步登天。孩子刚出生就恨不得能说话，刚认识几个字就想着当作家，大学刚毕业就想着成为百万富翁。“时不我待，只争朝夕”成了浮躁的借口。结果到处是乱撞的“无头苍蝇”，却很少见到盯在一处辛勤采撷的“蜜蜂”。“每天进步一点点”理念的提出，无疑是一副“消暑退烧”的清醒剂。

有这样一则报道：前洛杉矶湖人队的教练派特雷利在湖人队的最低潮时，告诉12名球队的队员说：“今年我们只要每人比去年进步1%就好，有没有问题？”球员一听：“才1%，太容易了！”于是，湖人队拿到了冠军。有人问教练，为什么这么容易得到冠军呢？教练风趣地说：“每人在进攻、篮板、助攻、抄截、防守等一共五方面都各进步了1%，一共为5%，12人一共60%，一年进步60%的球队，能不得冠军吗？”

“每天进步一点点”重在“每天进步”四个字。所谓“每天进步”就是永不停止向前迈进的脚步，而不是今天进步大一点，明天后天就可以歇歇了。球场上那些一领先就不思进取、消极防守的球队，往往是最后的失败者。有句俗语叫“不怕慢，就怕站”。

为什么“不怕慢”呢？因为再慢，只要一直保持前进的姿态，就一定有到达目标的时候。滴水之所以能穿石，不在于它的力量有多大，而在于它的坚持不懈。为什么“就怕站”呢？因为一个人有再大的本事，有再快的速度，如果具有兔子的心态，陶醉在良好的自我感觉中睡大觉，十有八九会输给平时不起眼的“乌龟”们，更不要说实现什么宏大的目标了。

“每天进步一点点”的价值还在于对“一点点”的珍视上。阻碍一个人成功的通常不是那些显而易见的大问题，而是一些平时不注意的鸡毛蒜皮的小事。这些看似微不足道的小事，如果不用心解决，就能无休止地消耗人的精力。

“每天进步一点点”体现了进取精神与持久精神的统一。“每天进步一点点”并不是消极，也不是懒惰，而是一种正视现实的积极进取精神。“每天进步一大步”固然更诱人，但那不过是脱离现实的幻想。暴涨者必暴跌，这就是“泡沫效应”。

“每天进步一点点”贵在进取，更贵在持久，做到了“每天进步”与“一点点”的结合，也就是进取与持久精神的统一。无论阴天雨天，不论冬天夏天，日复一日，太阳都会升起来。人生也要尽全力度过每一天，能忍受得起反复的人会获得最终的胜利。不论今天如何，人生最重要的是每天都要做些什么，每天都在坚持，每天都“在自己应走的轨道上前进”。

每天进步一点点，它具有无穷的威力。需要我们有足够的耐力，成功就是简单的事情重复着去做。每天进步一点点是简单的，之所以有人不成功，不是他做不到，而是他不愿意做那些简单而重复的事情。因为越简单、越容易的事情，人们也越容易不去做它。竞争对手常常不是我们打败的，是他们自己忘记了每天进步一点点。成功者不是比别人聪明，而是他比别人每天多进步一点点。

其实生活中许多事情的发展变化都是这个道理。量的积累达到一定程度才会发生质变的飞跃的。而这个量变的积累过程是艰苦和缓慢的，是一定要学会持之以恒、循序渐进的，要远离浅尝辄止，千万别奢望一步登天！

伟大的成就通常是平凡的人们经过自己的不断努力而取得的，他们注重细节，每天进步一点点，日积月累就前进一大步。对那些勇于开拓的人而言，生活总会给他提供足够的机会和不断进步的空间。

第七章

不慌不乱，冷静才能取胜

1.十万火急！镇静面对

每个人都会遇到突发状况，不仅会危及自己，甚至可能伤害到别人。近几年，频频爆出公交车、大巴车等大型客车司机发生抽搐、心脏病等各种突发疾病，这种情况让乘客们胆战心惊，毕竟大家都是“一条船上的人”，幸好司机们都在紧急时刻发起制动，安全停车。

遇到突发状况，不是每个人都像这些伟大的司机师傅一样，能够临危不乱。恐惧是每个人都会产生的条件反射，但是战胜恐惧则是后天生成的一种能力。每一个伟大的人物都是“镇静”的高手，因为他们懂得，“慌”对解决问题毫无意义，不仅会使自己无法正常思考，也会让周围的人乱作一团。

因此，每一个人都应该在遇到突发情况的时候控制自己的情绪，保持平静从容的心态去应对。在紧急时刻发生慌乱，会让你在面对问题时解决问题的可能性降低。

在印度的一家豪华餐厅里，突然钻进一条毒蛇。当这条毒蛇从餐桌下游走到一位女士的脚背上时，这位女士明显感觉到了这是一条蛇，但她未曾慌乱，而是一动不动地让那条蛇爬了过去。然后她才叫身边的侍童端了一盆牛奶放到了开着玻璃门的阳台上。

有一位一起用餐的男士见此情景大吃一惊。他知道，在印度把牛奶放在阳台上，只能是引诱一条毒蛇。他意识到餐厅中有毒蛇，便抬眼向房顶和四周搜寻，但没有发现。他断定蛇在桌子下面。他也没有惊叫着跳起来，且没有警告大家注意毒蛇。

只听他沉着冷静地对大家说：“我和大家玩个游戏，考验一下大家的自制力。

我数 300 下，这期间你们如能做到一动不动，我将输给你们 50 比索。否则，谁动了，谁就输掉 50 比索。”

于是，大家都保持一动不动了，当他数到 280 时，一条眼镜蛇向阳台那盆牛奶游去。他迅速上前把蛇关在玻璃门外。客人们见此情景都惊呼起来，后纷纷夸赞这位男士的冷静与智慧。如果不是这样，此间肯定有不少人的脚要乱动，只要碰到眼镜蛇，后果便难以想象。

男士笑着指指那位女士说：“她才是最沉着机智的人。”

一旦遇到突发情况，我们应当保持平静，沉着机智地解决问题。危机和失败一样，很容易冲击人的心理，你能否承受得住，是成与败的关键。

据心理学家分析，人在遭受挫折打击的时候，常见心理包括震惊、恐惧、羞耻、绝望等。这些都是极其不利的心理因素，如果陷入心理挫伤的泥坑里不能自拔，就会在失败中越陷越深，以致走向毁灭。

所以要警惕这些失败心理的影响。面对危机与失败，要有正确的认识和健康的心理。危机来临的时候，一定要镇静，不要慌张，只有镇静才能更好地解决问题。

一次，在外度假的著名的法国喜剧演员接到返家的急电。当他匆忙收拾好一切的时候才发现自己口袋里只够付住宿旅店的费用，剩下的钱连儿童机票都买不起。

他躺在床上辗转难眠：“怎么办呢？”这人生地不熟的地方没人肯借给他，让家人寄来的话就太迟了。最终，他计上心头。

第二天，他走到旅馆大厅，以充满喜悦的动作和旅馆人员打招呼，语调轻松地说：“我马上就回来！”

走出旅馆之后，他掏出身上仅有的一点钱，买了两瓶便宜的酒，又寄了一封信回巴黎，接着他在纸上写了几个字，贴在酒瓶上，便拎着这两瓶酒大摇大摆地回旅馆。

回到旅馆之后，他故意让工作人员看到酒瓶上的字，服务生看见这些字都大吃一惊，连忙拨电话给当地警察。

过了一会儿，有辆警车呼啸而来，两位警察迅速下车，冲进旅馆将该演员逮捕。当时的规定是，所有犯罪的人都必须马上送到巴黎，接受统一审判，而喜剧演员就这样被押回了巴黎。

那么酒瓶上贴了什么字呢？

一瓶写着“给国王的毒药”，另一瓶则是“给王后的毒药”。

当这位喜剧演员回到巴黎后，他很快便被警方释放了，因为他正是国王最欣赏的演员之一。

原来，他那封信正是寄给国王的，国王看了他的信，明白了这件事的来龙去脉之后，反而大笑不已！

面对危机时最重要的是要保持沉着冷静，处变不惊。古人说“安静则治，暴久则乱”。如果心先慌了，行动必然会乱。

很多人遇到危急的问题时，总是以情绪反应来解决。事实上，这样不仅不能解决问题，反而会让问题变得更加复杂，甚至偏离了问题的核心，衍生出更多麻烦来。

慌乱解决不了问题，不如强迫自己镇定下来，冷静地分析周围的现状，认识危机的情势，以便找到最佳对策，化险为夷。

2.流言蜚语，从容处理

“流言传来传去，说不停，不知道何时能平息；流言转来转去，请相信，我的心纯如往昔。”一首陈奕迅的《流言》把我们带进了满是流言蜚语的世界，望着那些泛着灰蒙蒙色彩的流言蜚语转来转去，我们的心似乎不再平静了。

流言蜚语本就是没有根据的话，是污蔑、中伤别人的说法。因此，既然是流言，就不是真的，既然不是真的，为什么却有那么多人认为是真的，而且还肆无忌惮地盯着流言里的人？因为，流言本没有错，但是在别人眼中那份虚拟的事实已经成为错误。每一则流言在他人眼中都会遇到不同的结局。

面对流言，我们首先要做的就是不要烦恼，更加不能暴怒。我们应当乐观、“调皮”地当作流言是在“夸”我们，因为我们又一次处在了话题的中心，因为你有价值，传出流言比较让人提起兴趣。

几乎很少有人能一生都不曾被人造谣中伤过，但我们必须明白，嘴长在别人身上，但耳朵在自己身上。我们完全有可能少听少传，喜欢的就听一点，不喜欢听的就不听，以一种旁观者的态度来处理这些流言蜚语。当然，要做到这一步，需要有相当大的智慧和肚量。

从大学起，莎莎就一直是大家公认的大美女，出落得水灵，为人也非常善良，追她的人很多。毕业的时候，所有人都以为她会最早结婚，但是工作好几年了，她还是单身，朋友问其原因，她说还没找到适合自己的。

莎莎的同事都对她很好，纷纷把自己身边的钻石男介绍给莎莎，但是莎莎仍没有找到一个中意的。

莎莎28岁时，公司开始传出一些流言，说莎莎想做公司的老板娘，或者说她寻觅富二代之类的。

明知道这些流言都是空穴来风，但是莎莎仍很气愤，她在公司的微信群里澄清自己。但结果却是，领导找她谈话，让她注意言辞，不要毁坏自己在公司的形象。

莎莎有苦说不出，一次，她在卫生间听到别人议论自己，就冲上去和对方吵了一架。

这一闹，莎莎在公司也待不下，只好递交辞呈，愤怒地离开了这个让她伤心的地方。

面对流言，要善于克制自己。避免在听到流言的第一时间便奋起反击，这样只会更加刺激流言的发酵；不要到处向别人表明自己是“清白无辜”的，这等于是在扩散自己的流言蜚语，给别人一种“此地无银三百两”的味道；最好找自己信任的人讲出真相先分析流言的起因，然后再想办法消除。

流言发生在自己身上的时候，要自我检查。流言蜚语攻击的都是“有识之士”，他们触犯了一定的和谐，才会受到流言攻击。所以，要记住，不要祸从口出。

对于那些无关紧要的流言蜚语，要采取容忍的态度，不理不睬。别人说累了，说厌了，口干舌燥，自讨没趣，自然会闭嘴。

有一个人急匆匆地跑到智者那里去，气喘吁吁地说：“我有……一个消息要告诉你……”

“等等，”智者连忙打断了他，“你的话用三个网过滤了吗？”

“什么三个网？”

“第一个网叫真实，你要说的事是真实的吗？”智者问道。

“这，我也不太清楚，我只是……从路边听来的。”那人回答。

“第二个网叫善意，那么你要说的话是善意的吗？”

“这个不是，是关于别人是非的。”

“第三个网，既然你这么着急告诉我，这件事真的很重要吗？”

“其实也不重要，一些鸡毛蒜皮的小事罢了。”那人不好意思地说道。

“既然不真、不善、不重要，那就别说了吧。”

联想集团创始人柳传志曾说：“一个人越是成功，遭受的委屈也越多。要使自己的生命获得价值，就不能太在乎委屈，不能让它揪紧你的心灵。”

面对关系自身的流言，我们不去理会；面对关于别人的流言，我们更加不能去理会。只要这恶言不传播了，就失去了它的攻击效用。

3. 犯错后，勇于承担责任

人非圣贤，孰能无过。因此，犯错是在所难免的，但犯错之后大部分人的第一想法是逃避、推卸责任，然后才是道歉和负责。如果一次次推卸责任，你将很难找到正视自己行为的勇气。

敢于正视自己的错误，承担自己的责任，这是中华民族的传统美德。战国时期，上将廉颇能够负荆请罪，置个人荣耀于不顾，也要承认自己的错误。而今，却有很多人连正视自己的错误都做不到，更别说负荆请罪了。

责任不仅是一种美德，更是每个人必须具备的优秀素质。承担责任是从平凡走向成功的必要因素。

1920 年，12 岁的美国小男孩和他的伙伴正踢足球时，一不小心将足球踢到了邻居的窗户上，将一块玻璃打碎了。

一位老人立即从屋里跑出来，勃然大怒，大声责问是谁干的？伙伴们纷纷逃跑了，小男孩却走到老人跟前，低着头向老人认错，并恳求老人宽恕。老人十分固执，小男孩委屈地哭了。最后，小男孩回家拿钱赔偿。

回到家中，闯了祸的小男孩怯生生地将事情的经过告诉了父亲。父亲并没有因为他年龄还小而开恩，板着脸一言不发，坐在一旁的母亲为儿子说情，开导父亲。

不知过了多久，父亲才冷冰冰地说道："家里虽然有钱，但祸是他闯的，就应该由他对自己的过失行为负责。"父亲掏出了钱，严肃地对小男孩儿说："这15美元我暂时借给你赔人家，不过，你必须想办法还给我。"

小男孩从父亲手中接过钱，飞快地跑去赔给老人。在当时，15美元是笔不小的数目，足可以买125只生蛋的母鸡！

从此，小男孩一边刻苦地读书，一边用空闲时间打工挣钱来还给父亲。由于他人小，不能干重活，他就到餐馆帮别人洗碗、刷盘子，有时还捡破烂。经过半年的努力，终于挣够了15美元这一"天文数字"，并自豪地交还给了他的父亲。父亲欣然地拍着他的肩膀说："一个能为自己的过失负责的人，将来一定会有出息的。"

许多年以后，这位男孩成为美国的总统，他就是里根。后来，他在回忆往事时深有感触地说："那一次闯祸之后，我懂得了什么是责任。"

"金无足赤，人无完人"，每个人都或多或少会犯错误，但并不是每个人都有勇气去承担错误。其实，我们大可不必在每次犯错之后忙着推卸责任。

每个人都不愿意坦然面对自己的错误，而去责怪别人。

如果认真地反思自己，能够在犯错的第一时间意识到自己的错误然后考虑怎么解决，而不是考虑找什么理由去推卸责任。其实所谓的责任就是在犯错的时候进行补救，虽然它伴随的是一些惩罚。

有一只猫，总爱寻找借口来掩饰自己的过失。

老鼠逃掉了，它说："我看他太瘦，等以后养肥了再吃。"

到河边捉鱼，被鲤鱼的尾巴打了一下，它说："我不是想捉它，捉它还不容易？我就是要利用它的尾巴来洗洗脸。"

后来，它掉进河里，同伴们打算救它，它说："你们以为我遇到危险了吗？不，我在游泳……"

话没说完，它就沉没了。

"走吧，"同伴们说，"它又在表演潜水了。"

猫淹死了。

为自己的错误寻找各种借口，结果搬起石头砸了自己的脚，受伤害的总是自己。

要知道，每个人都必须付出巨大的努力才能够成为卓越的人，如果只是找个借口搪塞为什么自己不全力以赴的理由，真是不用费什么力气。

犯错后，不要忙着找理由推卸责任，而应去解决犯错后带来的一系列遗留问题，推卸责任并不是一个好主意，不仅要冒着被别人发现的风险，还要忍受内心的煎熬。所以，犯错不要紧，承认错误并能够主动改正错误才是最重要的。

4.问题是用来解决的，而不是用来抱怨的

世界有多大，抱怨的声音就有多大。生活在喧嚣的城市里，每个人都有抱怨，下雨了抱怨天气不好，夏天抱怨太阳太毒，冬天抱怨风雪太冷，回家抱怨生活不易，上班抱怨薪水难拿……一系列的抱怨压得乌云似乎都低沉了一些。

抱怨其实是一种情绪发泄，是一种负面情绪，这种负面情绪很容易影响他

人并导致更多的负面情绪产生，它和人们的性格、三观有关。

遇到问题抱怨是没有任何作用的，唯有解决问题才是最应该做的。抱怨其实是一种不自信的表现，因为不自信，所以改变不了周遭自己认为不好的东西，解决不了遇到的问题，于是产生了消极懈怠的心理。

巴雷尼小时候因病成了残疾，母亲的心就像刀绞一样，但她还是强忍住自己的悲痛。母亲并没有抱怨上天的残忍，她想，孩子现在最需要的是鼓励和帮助，而不是妈妈的眼泪。母亲来到巴雷尼的病床前，拉着他的手说："孩子，妈妈相信你是个有志气的人，希望你能用自己的双腿，在人生的道路上勇敢地走下去！巴雷尼，你能够答应妈妈吗？"

母亲的话，像铁锤一样撞击着巴雷尼的心扉，他"哇"的一声扑到母亲怀里大哭起来。

从那天之后，巴雷尼没有抱怨过一句，反而很感谢妈妈为了他所做的一切。

从那以后，妈妈只要一有空，就帮巴雷尼练习走路，做体操，常常累得满头大汗。有一次妈妈得了重感冒，但她想，做母亲的不仅要言传，还要身教。尽管发着高烧，她还是下床按计划帮助巴雷尼练习走路。黄豆般的汗水从妈妈脸上淌下来，她用干毛巾擦擦，咬紧牙，硬是帮巴雷尼完成了当天的锻炼计划。

体育锻炼弥补了残疾给巴雷尼带来的不便。母亲的榜样作用，更是深深教育了巴雷尼，他经受住了命运给他的严酷打击。他刻苦学习，学习成绩一直在班上名列前茅。最后，以优异的成绩考进了维也纳大学医学院。

大学毕业后，巴雷尼用全部精力，致力于耳科神经学的研究。最后，终于登上了诺贝尔生理学或医学奖的领奖台。

许多年轻人都在抱怨自己生活的环境，事实上，环境的好坏与人的发展之间的确有很大关系；但问题并不是绝对的，环境差依旧可以发展好。

抱怨整个世界是非常不明智的，我们需要做的就是改变自己，让所谓的抱怨都变成包袱，这样做起来会收获许多。

“发明大王”爱迪生是聋人，但他却有1000多项发明，让世人记住他；拿破仑只是一个矮子，但他却创立了法兰西帝国；音乐家贝多芬是聋人，但他的作品流传至今……许多赫赫有名的“人物”都有一部分的身体缺陷，但他们却没有抱怨，反而把这些当作激励，最后改变了自己的人生，成就了自己。

一位长者说过：“你要是想保护自己的脚，穿上一双鞋子比给全世界铺上地毯更加容易做到。”生活中，一个人最大的悲哀是不愿做自己，如果你觉得这个社会有问题，那就改变自己吧！

一个黑人小孩在他父亲的葡萄酒厂看守橡木桶。每天早上，他会用抹布将一个个木桶擦干净，然后一排排地整齐放好。令他生气的是，往往一夜之间，风就会把他排列整齐的木桶吹得东倒西歪。

小男孩很委屈地哭了。父亲摸着小男孩的头说：“孩子，不要哭，我们可以想办法征服风。”

于是小男孩擦干了眼泪，坐在木桶边想了半天终于想出了一个办法，他从井边挑来一桶又一桶的清水，然后把它们倒进那些空空的橡木桶里，然后他就忐忑不安地回家睡觉了。

第二天，天刚蒙蒙亮，小男孩就匆匆爬了起来，他跑到放桶的地方一看，那些橡木桶一个一个排列得整整齐齐，没有一个被风吹倒的，也没有一个被风吹歪的。小男孩开心地笑了，他对父亲说：“要想木桶不被风吹倒，就要加重木桶的重量。”男孩的父亲赞许地笑了。

遇到问题，抱怨没有任何作用的，只会显得你懦弱。遇到问题，我们首先要相信事情已经发生，一切都无法挽回，所以接下来就应该去想一个合理的办法，而不是一味抱怨。

要想改变世界，就先改变自己，改变自己才能面对更多的挑战。

5.遭非议不忙反驳，让真相飞一会儿

每一个人都有评判别人和被别人评判的机会，如果用你自己的立场去评价别人，这个立场可能十分多样化，到最后众口难调，导致“非议”不断出现。

其实，别人在背后议论你，或者说，别人在背后说你坏话，也算是一件很有趣的事情，至少你可以知道，你的一举一动都被分析得千奇百怪且似乎都有道理的样子。

有时候，“非议”就非议吧，当我们遭到非议攻击时别急着反驳，不妨让真相飞一会儿。

因为需求不同，人的言行才容易被误解。如果完全不关注别人的非议，也会被认为是不合群、过于傲慢的人，容易丧失职场机会；太关注别人的非议，又会心神疲惫。

人们更关注的其实还是一个人对世界的贡献。如爱因斯坦，跟在他名字后面的永远是相对论，而不是他的婚外恋情。凯恩斯有句名言：“长远来看，我们都死了。”但死了之后，跟在你名字后面的，还是你为这个世界所做的事情，你放心，那些指指点点的非议绝对不在其中。

非议，更多的时候是对一个人的嫉妒，想要用负面的东西来掩盖其正面的光芒。其实，遇到非议请尽管放心，不慌不忙，也不着急去反驳，就让真相慢慢飞一会儿。

6.冷静面对别人的恶意挑衅

“人之初，性本善”，每一个人的初心都是好的，但经过社会的侵蚀和世界的污浊，每个人都拥有了不同的性格，有人乐观，有人悲观，有人在开怀大笑，有人在放声大哭。

不论是在公共场合还是在私下的社交场合，总会有人有意无意去诋毁中伤别人，让别人伤心难过。碰到这种情况我们应该怎么做呢?

我们不能消极面对，也不能大动肝火，消极面对只能让别人以为你软弱可欺，大动肝火却有可能让别人觉得你没有风度，给自己的形象造成不可挽回的影响。

面对恶意的挑衅，我们应该积极应对。控制好自己的情绪，保持冷静的头脑，用平稳的心态和随机应变的思维，巧妙地反击对方。

笑脸相迎，以柔克刚。在有些场合，个别心怀恶意的人故意挑衅，并且来势汹汹，盛气凌人，对你指责谩骂。如果你此时也大发雷霆，以牙还牙，场面将不可收拾，还不如以温文尔雅、彬彬有礼的方式笑迎攻击者，巧妙地回敬对手，常常能达到意想不到的效果。

对无理的言行进行语言反击，是正义语言与无理语言的对抗，需要以理智作基础，以有理、有礼、有利、有节为原则，做到针锋相对，巧妙应答。

直面挑衅，就要做出最正确的应对措施，恶意挑衅不是我们能够预防的，但是控制住局面不再刻意恶化，这是我们应该做的。抵触挑衅的方法有很多种，我们要选择一种比较柔和的方式以进行抵触，如果选择暴力，将会把挑衅推到无法控制的地步。

有一次，一个商场营业员遇一位中年男子来退电磁炉。事实上，那台电磁炉已被其用了很久了，电磁炉表面已显得十分陈旧了。可这位男子来商场后却粗声大气地说："我用了不到一个月就坏了，这是什么烂货？你一定要再给我换一只！"

营业员耐心地向他解释，用了这么长时间的电磁炉是不可能换的。而那男人却满口脏话，不停地大吼大嚷，闹得商场不得安宁，使那女营业员很难堪。

这位营业员既考虑到对商场的影响，又考虑到自己的形象，为了不使争吵继续下去，只好"退一步海阔天空"，她温和地对他说："这种电磁炉已使用了这么长时间了，按商品销售规定是绝对不能退的，可你执意要退，那就干脆卖给我个人好了。"就在这位女营业员掏钱时，那个男顾客脸红了，悻悻离去。

别人恶言相向，我们微笑待之，挑衅的话最多只是伤害耳朵。生活中我们经常会遇到挑衅，如果能够坦然面对，我们一定会是胜利者。

冷静地面对别人的恶言挑衅，用幽默的话反击回去，以宽容的心态面对挑衅者，做一个仁慈、宽厚、包容、幽默的被挑衅者。

7.当灾难突然降临，沉着冷静才能自救

意外突如其来，我们总会遇到意想不到的事情，也会碰到一些不可抗力。不仅有地震、火山、泥石流和暴雨等因素，还有电梯故障、地铁故障、飞机失事等意外事故。当这些灾难突然降临的时候，我们应该怎么做才能自救？

面对灾难，首先要做的就是沉着冷静。慌乱是可以传染的，一旦有人慌乱则会造成大面积的恐慌，人在恐慌之下的精神压迫所造成非理智的行为都会引

起灾难的二次发酵。因此，我们要做到沉着冷静，安抚慌乱的人们，冷静下来。

“铿”一声巨响之后，行驶在铁轨上的地铁突然停了下来，地铁内一片漆黑，所有的人像炸了锅一样，有人大骂司机：“真是个笨蛋！”也有人说：“养你们这些人有什么用，简直是一群废物。”

司机解释道：“突然停电是一次意外事故，我马上与调度中心联系。”司机在黑暗中摸出手机，拨完号码后才发现手机没有任何信号。

这是一次意外停电，波及全市，通信中断外加交通堵塞，整座城市近乎瘫痪。困在地铁里的人都试图联系外界。有人抱怨自己要被炒鱿鱼，有人抱怨自己要失约导致合同泡汤，有人声称事后要起诉地铁公司。黑暗束缚了每一个人，让他们喘不过气来。

突然，黑暗中传出一个女孩稚嫩的声音：“妈妈，太阳落山了！”妈妈说：“宝贝，乖，天黑了，宝宝睡觉觉……”妈妈轻轻地哼起了摇篮曲。大家静静地听着，情绪竟渐渐地稳定下来，各自想着心事。

不知过了多久，又一个声音打破了可贵的安静：“我心脏病犯了，没带药。谁带急救药了……”询问开始一个个传下去，很快找到了带药的人。

那人摸摸索索地拿出药，又开始摸摸索索地往前传，没有人组织，就这样默契地传过去。病人吃完药，车厢内又恢复了安静。

不知是谁第一个提议，大家开始往外走，所有人都手牵着手，没有落下一个人，没有人说话，只有人们的脚步声。

人们终于从黑暗的地铁中走出来了，领头的人衣服都刮破了，脸和手都碰出了血。更让人意外的是，人们发现，领头的这个人竟然是个盲人。

面对灾难，求生是每个人的本能，恐惧也是。但是如何压制住内心的恐惧，只有靠沉着和冷静的态度了。每个人都有沉着冷静的一面，但不是每个人都能在关键时刻激发出来的，沉着冷静的能量需要那种大智慧、大无畏的潜意识存在，处事讲究的是以不变应万变，能够驾驭自己的情绪，能够在极致的环境中做出最快的情绪处理。

司马光能够在小朋友掉进缸里的紧急情况下，沉着冷静，想到砸缸这样最快的办法；司马懿兵临西城的时候，诸葛亮能临危不乱，沉着冷静大开城门，鼓瑟相迎，最后以“空城计”大败司马懿。

沉着冷静是大智慧，冷静的人比不能控制自己情绪的人更容易成功，因为冷静的人更容易懂得利用资源。一项研究表明，85%的公司破产都是因为老板失去理智做出错误的决定而导致的。如果老板是非常理智的人，悲剧就不会发生，因为理智之下不易失败。

美国有一位学者做了一个实验，他找了一群志愿者，让他们排成一条直线，用蛇来考验他们的控制能力。

所有人都露出小腿坐在地上，然后任由一条没有毒性的蛇从腿上爬过，尽管大部分的人整个身体都在颤抖，但几乎所有人都咬紧牙关，感受着蛇冰冷的体温，看着蛇爬了过去。

但当蛇爬到一名志愿者的腿上时，这名志愿者并不能保持冷静，慌乱之下抽掉了腿，结果很显然，他就被蛇咬了。

克服恐惧，练就沉着冷静的能力是非常有必要的。灾难没有预兆，就算是防震局也不能保证万无一失地预测地震的来临。在灾难突然来临时，冷静的人会寻找能够让自己活下去的地方进行躲避，而失去冷静的人就会大喊大叫，把自己暴露在危险之中。只有我们学会冷静地思考问题，才能更加合理地处理难题。

第八章

说话不经思虑的人情商低

1. 三思而后言，口无遮拦易伤人

《论语》有云：“君子欲讷于言而敏于行。”这句话的意思是说，君子应当尽自己所能来提高修养，使自己做到言语谨慎，做事干练，行动敏捷。这句名言告诉我们，说话应当三思而后言，不能口无遮拦，信口开河，不然言多必失，祸从口出。做事情更要行动敏捷，不能拖泥带水，否则会贻误机会。

在生活中，口无遮拦是很多人都会犯的毛病，但多数人却不自知，反而给口无遮拦冠上一个冠冕堂皇的名字——“言论自由”；殊不知，言论自由是建立在尊重别人的隐私和名誉之上的。

简单来说，口无遮拦其实是一种语言暴力，大部分表现为揭短。虽然对方可能因为和你的关系足够好而不会发飙，但是会让人产生一种心凉的感觉，或者会显得比较尴尬，这些会让记忆产生灰色和阴暗。相比之下，这种无形的伤痛是让人刻骨铭心的。

一天晚上，住院部里忽然传出了一个婴儿撕心裂肺的哭声。当医生赶到现场的时候惊呆了，那个刚出生一天的婴儿头上脸上被人泼满了硫酸，婴儿的眼睛与鼻子几乎都被烧没了……

经警方调查，伤害婴儿的凶手被抓到了，她竟然是婴儿母亲最好的朋友张兰！事件的真相很快浮出了水面：原来，张兰虽然表面上与婴儿的母亲关系很好，但心里却因为一件小事而怀恨在心。

原来，张兰的孩子出生后，瘦小枯干、面相难看，婴儿的母亲前去探望，对其刚出生的宝宝说了句不中听的话语，还拿自己的孩子与之相比，以显示自己的优越感，这令张兰内心受到了极大的伤害，恨意充斥了她整个内心。

时间一天天地过去，张兰对好友的恨意却与日俱增。终于三年后等来了好友第二次生产的机会，在婴儿降生的当晚，她装扮成医生走进了医院的妇产科……

记者在监狱中采访服刑的张兰时，问她为何要在一个无辜的婴儿身上下如此毒手，张兰说："我就是想让婴儿的母亲也感受到我曾经感受过的痛苦，让她付出伤害他人的代价。"而面对记者的镜头，婴儿的母亲却非常愕然，她根本没有想到自己的"粗枝大叶"和"口无遮拦"会造成这么严重的后果。

如果不是婴儿的母亲口无遮拦，怎么会造成这样的恶果？就因为自己平时说话不注意，才造成了对双方共同的伤害。因此，凡事我们应该三思而后言，讷言而敏行。不能因为一时口无遮拦，给别人留下难以弥补的伤痛。

如今，许多人都把胖子当作取乐的对象，甚至包括一些老师，也经常把胖和某动物联系在一起，在课堂上或者在公众场合对学生进行言语攻击、侮辱，导致许多学生的心理都产生了或多或少的自卑感，这是万万不可取的。

如果我们因为一时情急而说出了让别人难受的话，就应该带着足够的诚意去道歉，不要给自己找"我是无意的""凭我们之间的关系就不要在意了"之类的借口，不仅要道歉，还要让自己深刻认识到口无遮拦的坏处，且能够在以后的生活中做到三思而后言，讷言而敏行。

人都是有思想、有情感的动物，没有人会对别人的嘲笑或轻视无动于衷，只是有些人知道那些人是无意的，所以选择避开；但是有些人却认真，将情绪会压在心里，直到累积到一个临界点的时候爆发。

所以，更多的时候我们应该去学会讷言以寡失。塑造内敛、智慧的心性，展现实在、敦厚的自我，从而不至于莽撞冒失，说话谨慎，做事细致，成为孔老夫子所认为的"仁人"。

2.弄清是非黑白，再下结论

冲动是魔鬼，人们却常常被魔鬼所驱使。我们常常会因为一时的冲动而造成许多不可想象的后果，因此，我们应该学会控制情绪，弄清是非黑白，再下结论。

电视剧《西游记》是让每个人都耳熟能详的一部戏，其中“三打白骨精”更是被好多编剧和导演拍成了很多改编的电影。

故事中，孙悟空凭借火眼金睛看出了白骨精所变幻成的普通百姓，将其打死了。但唐僧却以孙悟空嗜杀为由，念紧箍咒，疼得孙悟空死去活来，最后还把孙悟空驱逐。看到这里，荧幕前许多人都在骂唐三藏，觉得他不明事理，不问清事情缘由就赶走孙悟空，可是大家是否想过，我们也曾如此呢?

不仅电视剧，生活中这样的故事也是比比皆是，许多人没有弄清事情的前因后果就妄下结论，结果造成一系列的重大损失。

有一天，一位父亲新买了一辆汽车，汽车外观非常迷人，淡蓝色的烤漆在阳光下显得光彩夺目。

午睡起来的父亲却突然发现他最疼爱的儿子竟然正在用石头在汽车的侧面胡乱地刻画，心疼爱车的父亲顿时气得发抖，他大喝一声，大步走过去，把儿子一把推倒在地。

他转过身，看向儿子在汽车上的刻痕，他愣住了，只见汽车上歪歪斜斜地写着“爸爸我爱你”，父亲的眼睛湿润了，他转身扶起被他推倒的儿子。

他的儿子因为摔倒在地划破了手臂，鲜血直流。

父亲非常难过，他心中充满了懊悔，连忙抱起儿子送往医院。

从此以后，这位父亲再也没有因为儿子往他的汽车上涂鸦而生气，虽然他的汽车侧面布满了涂鸦。这名父亲非常开心，因为这是儿子对自己爱的表达。他内心充满了自豪。

如果这名父亲没有因为一时的冲动推倒孩子，那孩子也不会受伤。幸好孩子受伤不严重，否则父亲就要一辈子活在深深的自责和歉疚当中了。

生活中这样的例子很多，发生在我们身上的也数不胜数。可是我们似乎都没有做好情绪控制，未弄清楚是非黑白便下结论。遇到事情易凭借着自己一时看到的或者听到的一面之词去下结论，做出评判，到最后有可能做出让自己后悔万分的事情。

如何才能避免这样的事情发生呢？虽然有时候确实是无可避免，但是大部分事件都能给你足够的时间去了解清楚，弄清事情的前因后果，不要让自己被冲动占据理智，变成魔鬼。

有一天，男主人的一位朋友来访，男主人热情地招待了他。但是男主人很清楚他的这位朋友当天心情不好，外面正下着雨，这位朋友带着满身的泥巴进了屋子，到最后抽了一烟灰缸的烟蒂，弄得满屋子乌烟瘴气，他家的猫更是上蹿下跳，搞得整个房间乱七八糟。

雨停了，朋友也起身告辞了。

还没等妻子开口，男主人便笑嘻嘻地说："我先去收拾房间，收拾完我就去做晚饭。"然后麻利地收拾房间、做饭，丝毫没有提朋友到访的事情。

女主人虽然有些气愤，但是男主人已经收拾房间并且做饭了，她也不愿意多提及。

过了几天，这位朋友又来了，他来给男主人道谢。这时女主人才知道那天朋友心情不好，她问男主人："你怎么都不解释一下？"

"解释什么，解释的话说不定还会吵架，那就不好了。"男主人说。

的确，日常生活中的许多争吵都是因为这种琐碎的小事而引起的。男主人很聪明，他没有给妻子抱怨的机会，而女主人也没有冲动地发火；到最后还原真相了，女主人庆幸自己没有冲动，否则吵架将是难免的。

诚然，如果人与人的交流和沟通多一点了解，看待事情的时候能够多想一步，弄清事情的是非黑白再下结论，或许会起到意想不到的效果。你看到或听到的只是一部分，而如果凭借这一部分就去下结论自然会产生很多误会。

就像有很多人在评价别人的时候欲抑先扬，而有些人只听完前半段的抑就冲动地认为别人对他没有好印象，别人的扬还没说出来便闹得不欢而散，最后或许还会失去这个朋友。因此，我们更应该弄清是非黑白再下结论，别到时候后悔莫及。

3.耐心听别人把话说完

在别人陈述自己观点的时候，急性子的人会抢着说："等一下，你说得不对。我是这么想的……"对方话没说完，他们就根据自己的推断给出结论，结果往往错怪对方，陷自己于尴尬境地。

"二战"时期，美军接到一个危险的任务，司令官布莱德雷将手下召集起来，说："有哪位愿意担任这次任务，请向前走两步……"

恰在此时，一位参谋请布莱德雷立马处理一份战报。等布莱德雷处理完，他发现长长的队伍仍是一条直线！

布莱德雷愤怒了，他大声说："难道没有人愿意吗！"

有个人说："报告司令……"

布莱德雷当即打断他："闭嘴，你这个懦夫！现在情况紧急，竟然没有一个人站出来！身为军人，你们的勇气呢？"布莱德雷生气地把所有的将士都训斥了一顿，现场的气氛十分紧张。

这时，先前说话的那个人再次发声："报告司令，请您听我把话说完！其实，刚才我们每个人都向前跨了两步，所以队伍仍然是条直线！"

布莱德雷听完这话，羞愧难当。

当别人正在认真说一件事情的时候，不要随意插嘴或者打断他人，这样的行为对别人很不尊重。这样做也是在培养一颗自以为是的心，一颗不能体恤他人、尊重他人的心；久而久之，这颗心会让我们变得浮躁。

你与朋友正在讨论一个话题。对方正就此高谈阔论，发表自己的见解，但他还没说完，你自己想到其他的观点，因急于陈述就立刻打断他，然后开始滔滔不绝。原本气氛融洽的聊天变得有些尴尬。

或许，你打断对方讲话，对方表面没有生气，但是内心对你的好感肯定慢慢降低。

年轻的母亲为了验证她教子有方，把两个苹果喜盈盈地给了年幼的儿子，接下来，她等待儿子把一个苹果送给妈妈，可是儿子接住苹果后，看都没看她一眼，就把每一颗苹果都咬了一口。年轻的母亲非常伤心。便要发火训斥儿子的自私贪婪。谁知道就在这时，童稚的儿子奶声奶气地说："妈妈，你吃这颗苹果，我尝过了，不酸！"妈妈的眼泪瞬间就流了下来。

有时候，我们的愤怒是因为没有耐心或者时间去等待一个答案，或许耐心之后就是我们所期待的回答，但我们却因此而错过了。

如果我们愿意多花一些时间，去认真、耐心地听别人把话讲完，或许从中会得到其他不一样的东西和答案。

你不能耐心听别人把话说完，那么，试想在你说话的时候，别人要么打断、要么埋头不理，你是什么心情？你肯定会特别尴尬或者愤怒，觉得对方没素质或者自以为是。那么，反过来讲，如果是你打断别人讲话呢，别人会怎么觉得？

我们都需要换位思考，这是一种理解至上的人际交往方式。耐心听别人把话说完，不但能够培养我们一颗体恤别人、尊重别人、理解别人的心，还能铸就我们温文尔雅的性格，何乐而不为呢？

4.发现别人错了，别忙着指出

发现别人错了，有些人会缄默不语，而急性子的人通常会立马跳出来大声说道："喂，你错了，这里错了。"

若是直言不讳地指出别人犯的错误，别人不仅不会感激你，反而会记恨你；因为你直接对他人的智力、行动力、判断力和自信心等给予了不同程度的打击，他不但不会改变自己的错误，还有可能反过来斥责你的无理。

相反，如果你能够分清时间、地点、场合，拎得清事情的大小，判断出对方能否接受等一系列因素的时候，你再考虑要不要直接说出来。不过，大多数情况下，发现别人错了，还是别忙着指出来。

英国皇室的温莎公爵曾招待过印度一个部落的首领。在宴会即将开始的时候，侍者为每一位客人都端来了洗手盆。印度客人发现那精致的银制器皿中盛放着亮晶晶的水，以为是饮用水，便端起来一饮而尽。

旁边端菜的侍女正犹豫要不要上前提醒那位部落的首领，却被温莎公爵用眼神制止。随后温莎公爵神态自若，一边与众人谈笑风生，一边也端起自己面前的洗手水，像印度客人那样“自然而得体”地一饮而尽。贵族们见状纷纷效仿起来，原本的难堪和尴尬顷刻间荡然无存。

我们要明白，并不是所有的错误都是需要指出来的。有时候，与指出错误相比，如何保存对方的颜面更为重要。当然，并不是所有的错误都是种美丽的误会，有些大的错误我们还是要委婉地指出来，以免对方再次犯错。

首先，我们可以先试试暗示的方法。

暗示，就是指通过一些比较隐晦的方法，在不直接指出的情况下让对方发现自己的错误，这样可以把错误当作是对方自检出来的，既修正了错误，还照顾了对方的面子。

其次，我们可以试试提示的方法。通过一些相关的东西让对方意识到自己的错误。比如，有学生上课不专心听讲，老师可以不点名指出来，而是让他的同桌回答问题，能够引起对方警觉，发现自己的错误。

最后，如果发现别人错了，可以找机会私底下说出来，这样既能指明别人犯错，还照顾到对方的面子。当然，如果碰到那种特别自我的人，即使你私下去说也会引起对方的不满，因为你说出来就是在质疑他们的能力。

有一天，查尔斯·史考伯经过自己钢铁厂的时候，看见几个工人正围在一起抽烟。他们显然忘记了公司禁止吸烟的明文规定，或者存在侥幸心理。史考伯先生应该把他们揪出来，然后狠狠地批评他们吗？或者把那块“禁止吸烟”的牌子指给他们看？这些都只会让对方感到难堪，并且对史考伯产生怨恨。只见他不动声色地走上前去，发给他们每个人一支雪茄，并对他们说：“我们到外面抽去。”

这些工人当然不会跟着史考伯一起出去抽烟，而是对他说：“啊，我们忘记工厂禁止吸烟的规定了。请你原谅。”然后赶快回到他们的工作岗位上去了。当然，我们能够体会到他们心里那种复杂的感觉：既为犯了错误而感到自责，又为没有受到惩罚而感到庆幸，同时对史考伯先生也越发尊敬，他们以后一定不会犯同样的错误了。

同样的事情，在每个人手里都有独有的处理方式，也许，一百个人会有一百种处理办法，但他们的目的只有一个——让对方明白这些错误之处。如果在让对方明白错误的同时还能有其他额外的收获，显然会更好一点儿。

5.批评要注意时间和场合

批评，对所有人来说都不会是陌生的经历，不论是家长还是老师，不论是领导还是朋友，他们的批评一直存在。或许，我们也会因为一些事情而去批评别人。

但，批评别人，我们真的找到适当的方式了吗？

批评对方，就是对对方犯的错误提出修改意见，让对方认识到自己的错误并且以后不再触犯。当然，批评的前提是对方犯错，这是批评的引线。

如果，你身为领导或师长，能确切地把握批评的要领吗？批评最注重时间和场合，选择一个恰当的时间和场合进行批评，才能取得最好的效果。

小华是一名刚入职的新人，所以在公司的老人面前一向都是比较拘谨的；而且他还不是太熟悉公司的业务，难免在工作中出现一些小错误。

“你已经来公司一周了，怎么还能犯这种低级的错误？你大学学的东西都冲到马桶里面去了吗？看看你现在的行为，好好的一个大男人就不能多向前辈们学习学习？扭扭捏捏像什么样子。”

小华又被批评了，而且是当着全公司上下所有人的面被老总批评。被批评的小华垂头丧气地离开了，大家都以为小华想一个人静静，谁知道十分钟之后……

“有人从天台上跳下来了。”整个楼层响起了保卫处的声音，老板转过头去，看着小华空荡荡的座位，脸色出奇地差。

批评别人，最重要的是要让被批评者能够接受并且认识到自己的错误，而不是为了以让对方挨骂受气为主。

首先，为了能够让被批评者更快地接受批评，且不会造成不良影响，作为批评者就应该能够照顾批评者的心理承受能力。批评者应该事先打个招呼，让对方有一定的心理准备，然后再批评，这样不至于让对方感到突然。

其次，批评者应当给被批评者一定的自省时间，然后再适当地进行批评。批评的时候要注意言辞，不能触及被批评者的自尊心，不能言语过于激动，不能用词不当，更不能脏话连篇。批评者原本就有一定的威严，所以被批评者接受批评的时候就是胆怯的，再加上批评者针对性的语言就会令被批评者更加自卑和胆怯。

最后，批评的时候要注意场合和地点。看到对方犯错误了，但在公众场合直接批评，必然会造成被批评者的逆反、怨恨、报复等消极心理。可以提示性地指出他犯错误了，然后私下批评，这样的话，既照顾了被批评者的心理，也使对方得到人格上和尊严上的安全感，会产生情感约束力，能降低犯同类错误的可能。

批评应以教育为主，提出意见。所以批评就应该分清时间和场合，不能随意在公众场合批评别人，这样的批评是言语攻击，是可以伤害别人的利器。所以，能够清楚地划分批评的时间地点，才能当一个好的领导或师长，不仅达到了批评的目的，还会深受下属的尊敬。

当你打算批评别人时，请三思而行，你确定要在此时此地批评对方吗？

6.想否定先肯定

对于别人的话，我们经常有自己的判断，不是肯定就是否定。对于肯定的回应，别人必然开心；但是对于否定的回应，对方多数情况下是不会开心的。想否定对方，想让他能够很容易地接受意见，那便在否定前先肯定，这样做的效果会更好。

从前，美国有位倒卖香烟的商人到法国去做生意。有一天，他在巴黎一个集市的台子上滔滔不绝地大谈抽烟的好处，突然，从听众中走出一位老人，连招呼也不打，就走到台上也非要讲一讲话不可。那位商人毫无准备，不禁吃了一惊。

老人在台上站定后，便大声说道："女士们，先生们，对于抽烟的好处，除了这位先生讲的以外，还有三大好处哩！我不妨讲给大家听听！"

商人一听这话，转惊为喜，连连向老人道谢："谢谢您了，老先生。我看您相貌不凡，说话动听，肯定是位学识渊博的老人，请您把抽烟的三大好处当众讲讲吧！"

老人微微一笑，立刻讲了起来："第一，狗一见到抽烟的人就害怕，会逃跑。"台下的人莫名其妙，商人则暗暗地高兴。

"第二，小偷不敢到抽烟的人家里去偷东西。"台下的人连连称怪，商人则喜形于色。

"第三，抽烟者永远年轻。"台下的人一片轰动，商人则满面春风，得意扬扬。

老人把手一摆，说："女士们，先生们，请安静，我还没说清楚为啥有这样三大好处呢！"

商人格外兴奋地说："老先生，请您快讲吧！"

"第一，抽烟的人中驼背的多，狗一见到他就以为正要拾石头打它哩，它能不害怕吗？"台下的人发出了笑声，商人则吓了一跳。

"第二，抽烟的人夜里爱咳嗽，小偷以为他没有睡着，所以不敢去偷东西。"台下的人一阵大笑，商人则大汗直冒。

"第三，抽烟的人很少有长寿的，所以永远年轻。"台下的人一片哗然。

此时，大家再一看，倒卖香烟的商人不知什么时候已经溜走了。

老人巧妙地借用了想否定先肯定的方法，先讲好处，让商人连连称赞，喜形于色，到最后突然说出三大好处的原因，这才让民众明白抽烟其实对自己没有好处，清楚认识到抽烟的危害，不会加入抽烟的行列。

巧妙利用褒贬，使话语中的讽刺或者表扬的效果更加明显。想否定先肯定，这样做除了增加褒贬色彩之外，更重要的是可以让对方能够听取你的建议。如果要批评、贬斥某人或物的不良之处，不要一开始就直接指责，而是用假托的方式，先说他们的"好处"，在其他人心存狐疑之时，再由所谓"好处"转而揭示其害处，由"赞美"转为指责。这样便能够增加被批评、贬斥的人或物在其他人心中的好形象。

小丽是一家广告公司的策划。一天，上司要她负责某项目的策划。花了整整三天的时间，小丽终于完成了这份策划案，但是这份策划案在领导的眼中却是不合格。

这意味着这份策划案是失败的，需要重新做。但是老板看着小丽一脸的疲龛，说道：“嗯，你的策划很新颖，而且设计也很独特，拥有不寻常的创意；但是这个项目有些不符合你的策划，所以说你的策划暂时不能启动，需要重新做一份。不过你可以把你的策划留着，等到以后有合适的项目再使用。”

虽然自己的策划不能提案，但是因为老板的肯定，小丽觉得自己的辛苦是值得的，于是又重新打起精神去做新的策划。

同样是否定了策划，但是小丽并没有懊恼或者难过，这就归功于上司想否定先肯定的方式了。小丽的上司在否定这份策划之前，先肯定这份策划中的优点，但最后还是表明了小丽的这份策划是失败的。只是前面众多的肯定让小丽坦然接受了这份失败，并且重新拾起信心再做一份策划。

想否定先肯定，在他人的心中能架构一个支撑；只要肯定的支撑足够稳固，那么即使被否定了，他们也不会就此倒下。

7.发火之前，给自己三分钟平息愤怒

愤怒，是一种情绪；发火，则是这种情绪的释放。如果不能很好地平复愤怒，那么，发火将会是唯一的途径。

网上一直流传着一种说法：“发火会降低你的情商。”那么，如何提高自己的情商？如何才能控制自己的情绪，在发火之前平息愤怒呢？

多年前，标准石油公司的高级主管克里斯蒂做出的一个错误决定导致公司损失高达200万美元，这是公司史上前所未有的损失。消息传出之后，各高层都惴惴不安，都千方百计地寻找借口避免与洛克菲勒碰面，以免他朝自己发火。

而公司元老爱德华·贝德福却没有如此，他没有找冠冕堂皇的理由去推迟或者取消日程上的碰面，他已经准备好去聆听洛克菲勒冗长且不讲情面的训斥。

“你来了。”洛克菲勒并没有发火，他依旧在面前的纸张上写着什么，声音平和：“估计你已经听说公司蒙受巨大损失这件事了吧？”

“真够直接的，看来替克里斯蒂挨顿臭骂是不可避免的了。”爱德华心中暗道。此时此刻，他只能硬着头皮坦率地承认道：“是的，我已经知道了。”

说这句话时，他已经设想了下一幕：刚刚还心平气和的洛克菲勒，突然脸色一变，猛地拍一下桌子，继而就会是狂风暴雨般的咆哮。

“我考虑了很长时间，”出乎预料的是，洛克菲勒依然很平静，“怎样才能压抑我愤怒的心情。现在，我已经找到了有效的方法，那就是在我和克里斯蒂讨论这件事情之前，我需要先做一些备注。你帮我看一下，有没有需要补充的？”

爱德华接过这几张纸片，只见开头醒目地写道：“你可以把你的策划留着，等到以后有合适的项目再使用。”

如今，社会的节奏愈来愈快，社会压力也愈来愈大，我们生存在这样的环境里，难免会遇到一些触碰到我们忍耐极限的人或事，在这种情况下，如果我们能够控制自己的情绪，避免暴怒，这将会带来许多额外的好处。

但是，在极其容易让我们陷入暴怒的情况下，我们如何才能控制自己的情绪呢？

首先，我们要深呼吸，在深呼吸的过程中，会缓解紧张的神经，这样我们就有充足的时间去思考发火后的得失，多几次深呼吸，或许会直接把我们心中的愤怒压下来。

其次，找一个地方静坐，然后让自己放松，暂时忘掉所有的不快，品一杯香茗，或者看一本书。

不仅如此，我们还可以通过比较正确的途径去发泄出去，就像女孩喜欢在失意的时候买东西一样，找一个自己喜欢的方式分担自己的情绪。常见的方式有锻炼、骑车、跑步等。

总之，不要轻易发火，发火之前，请给自己三分钟时间来平息愤怒。

8 没有十足的把握，别急着给承诺

很多人为了显示自己的能力，不管有没有足够的把握，就习惯性地拍着胸脯说："放心吧，我帮你搞定！""交给我，你只管等好消息吧。"如果事情圆满解决，自然是皆大欢喜。可一旦出现意外，事情没有办成，不仅你前面的努力会被全部抹杀，还会落个食言的恶名。

一件事，没有 100% 的把握，不要急着打包票。

比如，某项工作的难度挺大，老板交给一个下属，问下属："有没有问题？"下属拍着胸脯回答说："放心吧，没有问题。"可是，过了几天，老板问工作完成进度，这名下属却支支吾吾地说："太难，没有想象中的简单。"虽然老板不会说什么，但是在老板的心底，恐怕会对他产生反感。

话说得太满，这不是能力的表现，而是一种自满、自负的心理。即使你能完成这项工作，也不要出现"保证完成"这样的字眼，万一出现什么意外，不至于让你自己很窘迫，让你无路可退。

不确定的词语能够降低别人对你的期待，也能反映出你的谨慎，当你出现错误的时候，别人也不会因为太满的期望而对你有太多失望。因为你之前的不确定词语，已经在别人心里留下有可能完不成的印象。

如果你已经做出了承诺，不管困难与否，都不要放弃，努力去践行承诺。

光绪三年（1877），在湖北恩施和建始交界的地方，有个叫作大沙河的老渡口来了一户逃荒的万姓人家。万姓人家被乡里人接纳并且在乡邻的帮助下开荒拓土，安家落户。

家主万作柱自幼习水，深谙水性，他看到门前的峡谷内没有大船摆渡，还经常有村民落水，便和家里人商议后制作了一条能载10人的大船，从此为当地人义渡，来感念村民们收留的恩情。并且，万作柱承诺，只要万家的香火不断，就永远摆渡下去。

此后，一位乡绅念万家义渡，糊口不易，便拨付六亩义田给他们。

转眼间一百多年过去了，万家人依旧坚守着这个承诺，不管大沙河如何改道，万家人始终不离渡口。

1949年以后，因政策改变他们才停了下来。等到土地承包到户之后，万家人又接过渡船，拿起竹篙，划着船儿在河中来回徜徉。

周围的村民又在渡口的旁边分了六亩田出来，交由万家人耕种。

一条河，一条船，一支竹篙，六亩田；万家人，不怕难，九鼎一言过百年。

承诺，只是一句话；坚守承诺，却是一份大美。讲话很容易，但能够坚守这份承诺却是一种毅力的体现。

大家都听过曾子杀猪的故事：

相传，曾子的夫人要到集市上去，而曾子的儿子哭闹着也要去，曾子的夫人说："你在家乖乖待着，待会儿我回来给你杀猪吃。"曾子的儿子顿时不哭也不闹了。

当曾子的夫人回到家后，曾子就要去捉猪来杀，曾子的夫人说道："只不过是和孩子开玩笑罢了。"曾子说道："这玩笑可不能开啊，小孩子没有思考和判断能力，要向父母学习，听从父母给予的正确教导。你现在这样欺骗他，这不是在教他骗人吗？母亲欺骗儿子，儿子也不会相信母亲了，这不是现实教育的方法。"于是夫人也同意了，两人杀猪给孩子吃肉。

曾子能够把一句玩笑话当作一个承诺，而我们怎么能把一句承诺当作玩笑呢？如果做不到就不要轻易许诺，否则便会失信于人，不仅误人误己，还会造成严重的后果。

富兰克林曾经说过一句话："失足了，你马上可以恢复站立；但是如果失信了，你也许永难挽回。"因此，做承诺前，我们要考虑清楚。我们是不是时间充足？我们是不是有能力去完成？我们是不是清楚所有的后果？如果其中一项我们没有考虑清楚就拍胸脯保证，到头来终将会自食苦果。

第九章

别急，你要的爱情正在派送中

1.担心自己嫁不出去

不可否认，在生活中有很多女生刚一毕业就会着急给自己找对象，然后顺顺利利地把自己嫁出去；有些单身的女孩一听到好朋友结婚，也会愁眉苦脸的，生怕自己嫁不出去似的。

在天涯论坛上，这种恨嫁的帖子随处可见：

虽然我已经考取了家乡的公务员，但非常不想回去工作。目前有一个喜欢的男生，却因为他的工作不稳定而一直确定不了关系，估计也是吹了的节奏。或许是因为我长相一般，性格又比较女汉子，每次恋爱都以失败告终。现在又要回小地方工作，非常担心自己嫁不出去，好害怕自己会孤独终老哦。——“酸菜炖蘑菇”。

我已经25岁了，好像没有什么优秀的地方可以给人炫耀，总觉得自己还是个孩子，对什么事情都不上心。今年，我的好闺蜜结婚了，我突然像被打通任督二脉一样，觉得自己什么都没有，这样子下去会不会嫁不出去了？害怕碰不到自己喜欢的人，又担心会嫁一个很讨厌的人，怎么办呢？——“找个人喜欢”。

输入“嫁不出去”，天涯论坛有上千条的帖子在讨论自己是不是嫁不出去了；百度知道更是达到了七十多万条；而百度搜索引擎里足足有数百万的词条，再加上还有知乎、必应等其他热门网站。想想，有上千万的女生在担心自己是不是嫁不出去了，这到底是因为什么呢？

女生担心自己嫁不出去或者男生担心自己娶不到媳妇的原因有很多，而且每一个原因都是独立的，比如说不太乐观、不够自信、太被动，等等。

其实，害怕自己嫁不出去，这些都是太过着急的表现。现实中，找一个可以托付终身的人，并不是集市上买水果，随便拿两个就行。找另一半不要表现得太过着急，要跟随着自己的感觉走，相信不久的将来你一定能够找到属于自己的另一半。

不着急结婚的人，往往都对婚姻的期待很高，所以他们的婚姻不能将就。现在越来越多的人都开始将目光看向婚姻的本质，在他们看来，婚姻是需要爱情支撑的，而不为生活所支配。他们宁可单身得久一点儿，也不愿将就着早点儿结婚。他们认为，结婚的原因只有一个，那就是爱情，除了爱情再也没有别的了。

没有嫁不出去的人，只有不想嫁的人。所以过早担心自己嫁不出去完全是一种太着急的表现。女生需要担心的是自己嫁得好不好，而不是自己能不能嫁出去。

那些仅仅二十来岁就担心自己嫁不出去的姑娘们，别着急嫁人了，你需要的是为你以后的选择增加更多的筹码，让自己的婚姻更纯粹，让自己离幸福更近一点。

2.闪婚的结果往往是闪离

在自由爱情时代，速食爱情已经悄悄来袭，闪婚族已经是继月光族、御宅族之后再次引爆社会舆论的一类人。

现如今，越来越多的人加入闪婚一族，他们认为闪婚不仅节省金钱又节约时间；同时感情上还能得到慰藉，是两全其美的事情。

可是，结婚这么大的事，着什么急?

按照多数人思想的理解，男女双方从相识到相爱、相恋到走进婚姻的殿堂，少则也要一年之余，多则甚至五六年。因为，从陌生到相识到了解以至相爱并不是一朝一夕能做到的，对一个人真正的了解当然也不是几天几周几月就能办到的。爱可以一见钟情，婚姻再怎么也难以做到，毕竟婚姻不是儿戏。但为什么 85 后、90 后闪婚者越来越多，闪婚族为何如此迫不及待地要“闪电”结婚？

1985 年后出生的人，到 2017 年最多也才 32 岁，按照现代的观念，30 岁以前结婚都不算晚，所以心理上不需要存在因为怕年纪大了娶不到老婆或嫁不出去的担忧，但也不能完全排除极少数人特别是 1987 年、1988 年出生的人存在心理上因为一时找不到合适的对象而焦急的可能，特别是某些来自传统家庭的人，25 岁之后就觉得自己年纪较大，再过几年就“三十而立”了，再不结婚就青春已逝，所以急于想抓住青春的尾巴，容易在这种急于找对象解决终身大事的心理支配下草草了事而闪电结婚。

安然和她老公从认识到结婚只用了三个月的时间，他们算是一见钟情，然后就在亲人的推动下匆匆闪婚。

闪婚的过程是浪漫的。但婚后，安然才发现她对老公并不了解，时间长了，他身上的毛病就出来了。比如说吃完饭不刷牙，洗完澡就穿着湿拖鞋在屋子里走来走去。每次和他说这些的时候，他都不以为意，安然实在容忍不了，争吵就越来越多。

如果说这些还只是一些不足为道的小事，但当安然发现老公喝完酒后爱耍酒疯时，她就彻底崩溃了。

每次老公出去喝酒安然都告诉他少喝点，但每次他都会喝得烂醉，回到家以后便对安然乱发脾气，安然只要还口就会遭到暴打。好多次安然都想就这样和他离婚，但是到了第二天他就把这件事给忘了，看着安然身上的伤痕不停地道歉，说自己并不知道喝醉酒了会这样，并且保证下次再也不喝醉。

可一次又一次的保证就像溪水流进大海一样，一点痕迹都没有，老公说的话从来就没有实现过。喝醉后对安然依旧拳打脚踢。

现在安然已经下定决心要和他离婚了。

闪婚虽然表面上节约时间、节约金钱，但是闪婚真的好吗？闪婚还是存在一系列的弊端。

弊端一，容易被谎言蒙住了双眼。

闪婚，从几天到几个月的相交相识，很难看清楚一个人的真正品质，如果有心人诚心蒙骗你，也很难在这么短的时间内看穿骗局。

弊端二，提升了离婚的概率。

相爱容易相处难，婚姻代表了婚后两个人要一起过日子的事实。闪婚的时候，千好万好，一旦走到了柴米油盐中，小缺点暴露得特别快与多。闪离又成了另一个时髦的名称。

弊端三，责任感缺失。

婚前有性生活在当下实属正常，而且试婚也开始被人接受。但最怕的还是感情基础未稳，却奉子成婚。单靠一个孩子来维系一段婚姻，是痛苦的。婚姻固然要互相容忍，但是孩子不能成为维系婚姻的借口，那是可悲的。

弊端四，导致更多的利益婚姻。

婚姻的基础是基于双方纯洁的爱。在这个基础上，在双方的优缺点中寻找平衡生活的容忍。现在，拜金女光明正大地提出，宁可在宝马车里哭泣也不要在自行车后欢笑。于是，为了彼此的利益，你的金钱换我的年轻，或者你的宝马换我的美丽帅气，等等。总之，闪婚的目的就是交换，谁在乎婚姻背后的汗水经营呢？这就是利益婚姻，闪婚导致了更多的利益婚姻。

当然，这个世界上还是有很多闪婚成功的例子。比如，通过饰演电视剧《乔家大院》时相识的蒋勤勤与陈建斌，他们闪婚并且过得很幸福，是一个闪婚的完美典范。不过，并不是每个人都有这么好的运气的，闪婚时能够遇到合适自己的人，所以还是希望大家能够在闪婚前，了解对方的根底，本着希望爱情美好的初衷，慎重地考虑自己的婚姻。因为婚姻不是助你过河的石头，而是牵你一起走过的那只手。

3. 被逼婚，也不能随便找个人结婚

逼婚已经成为现在社会的一个现状。“哎，儿子，找对象了吗？”“哎，女儿，拍拖了没？”“哎，我老朋友家的孩子长得不错，知根知底的……”“我给你报名了那个相亲大会，你去看看啊，我都交完钱了！”

被逼婚，已经成了适龄男女青年日常生活里的家常便饭。很多年轻人因此吓得不敢回家，和家里闹翻的例子也比比皆是。

一个30岁的姑娘在网上大谈家庭狗血剧。剧情每次都大同小异，都是母亲逼婚，由早期的苦口婆心讲道理，发展为以死相逼，动不动要跳楼；而女主的应对措施也由默默流眼泪，发展成了你死我也死。“为什么要急着随便找个人嫁了呢，我就算一辈子不结婚也没什么啊，我觉得这样挺好，我可不愿意将就。”为此她愤愤不平。

“不着急”“还早”等词语早已经成为“不愿将就”的替代词。作为新时代的有思想的年轻人，我们要明确一点，无论什么时候我们都不能因为被逼婚而将就。

虽然，父母和亲戚经常逼迫我们结婚，虽然他们会三天两头地打电话询问我们的生活，隔三岔五地介绍相亲。但是，如果真的把婚姻变成将就，你愿意将就吗？

葛元珊 20 多岁的时候，谈过几次恋爱，但最后都以各种原因结束了。当时的葛元珊也没有在意，觉得自己还年轻，不妨把感情先放放，等到事业有成的时候再谈也不迟。

可这一放，眼看就奔三了。葛元珊看着身边的姐妹都已经为人妻、为人母，也开始着急找个男人嫁了。但这个年龄的女人想找个合适的人结婚谈何容易？自己这个年龄段的男人多数有了娇妻，总不能找个比自己小的，让别人说是“老牛吃嫩草”吧？

恰在这时，通过朋友的介绍，葛元珊认识了一个在机关工作的小科员，他经常带葛元珊出去吃饭。他人很木讷，但是对葛元珊很好，葛元珊觉得跟这个男人在一起挺踏实的，自己也不能再拖着了，要不然早晚得成齐天大“剩”。所以这个男人向她求婚，葛元珊没多想就答应了。

婚后，老公一心想当上科长，整日出去应酬，十天有八天都不在家，夫妻完全没有很好地交流。在葛元珊看来，他总有忙不完的事。更郁闷的是，葛元珊根本不知道他拿多少工资，婚后他也没有往家里拿过一分钱。

后来葛元珊怀孕了，她却没有身边姐妹们那时候的兴奋劲儿。老公也没有因为葛元珊有孕在身而对她格外呵护。葛元珊想做掉孩子和老公离婚，但遭到了母亲的强烈反对，她说：“你都这年龄了，离婚了还能找个什么样的？婚姻就是凑合，等孩子生出来就好了。”

眼看着肚子一天天隆起来，葛元珊没有一点当妈妈的欣喜，反而越来越烦躁不安。

婚姻，是一辈子的事，怎么可以将就？

如果你对即将和你走入婚姻的那个人心存不满，就不要委屈自己。不要拿年龄做借口，也不要拿现实做理由，有些东西只有你相信，并努力为之追求，它才会出现在你的面前。

现代女性已经没必要拿婚姻困住自己，就算结婚很多女性也放弃了相夫教子的安逸生活，继续在事业上活出自己的美丽。所以，将就的婚姻中，生活中每一件大大小小的事情都会成为婚姻中幸福的绊脚石。

结婚很简单，离婚更简单，关键是要过自己想要的生活！没有人可以剥夺你的权利，只有你自己！不要让生活推着你往前走，要坚定自己的想法和需求，一步一步地朝着目标而去。

当代男女的婚姻除了经济矛盾以外，还有世界观、人生观、价值观、生活方式这些不可调和的矛盾，更别说男女双方一旦一个人失业找不到工作，一个人经济不好，又面临着重重困难。婚姻，不需要将就，婚姻应该是建立在爱情的基础上，为了生命品质的提升，渴望与对方生活在一起才建立的。而不是说到了某个年纪，因为父母催得紧而结婚。

和复杂的人生比起来，爱情其实微不足道，我们不用去制造幻象。如果一个人很开心就一个人过，别人怎么想一点也不重要，世上最不能将就的事情就是爱情和婚姻。你可以选择你爱的，或者是爱你的，但是不能选将就随便的。

4.问问你自己：想要什么样的爱情

每一个人都幻想过自己的爱情，每一个女孩都有一个穿婚纱的梦。

执子之手，与子偕老。问问你自己：想要什么样的爱情。

你想要一份简简单单的爱情，你可以为他素手煲汤、红袖添香，他可以为你柴米油盐、诗酒茶花；你想要一份轰轰烈烈的爱情，你可以陪他仗剑天涯、三江饮马，他可以许你一世繁华、锦绣河川。

是否曾问过自己，想要什么样的爱情？又是否曾找到心中的答案？

好的婚姻没有固定的模式，完美的爱情也是。想要进入一段美好的爱情，你需要了解自己，知道你是什么样的，还要知道你到底要什么。

爱情和婚姻就像逛商场一样，女生都喜欢非常华丽的衣服，但不会因为好看就买，要买就要买适合的而非华丽的。所以，要去挑最适合你的。

可是爱情，为什么不去花足够的时间了解自己，去找寻最适合自己的呢？为什么要着急拥有爱情呢？

一只飞鸟爱上了一条鱼，飞鸟只能在空中飞，鱼只能在水里游，这份爱情刚开始，便注定没有结果，但它们还是相爱了。

飞鸟说，“我只要每天能看你一眼就够了”，鱼感动得流下了眼泪，是透明的眼泪，融于水中，什么也看不见；鱼说，“我也是，我们的爱情，超越了空间的限制”。

飞鸟说，“这样的爱情是永恒的，它没有任何承诺，它是心的相通”；鱼说，“这样的爱情也是最美的，我们彼此触摸不到对方，但在我们心里，对方都是最完美的”。

飞鸟与鱼深深地陷入了爱的海洋，每天坚持看对方一眼，无论刮风下雨，矢志不渝。直到有一天，他们实在忍受不了日积月累的相思之苦，希望能够触摸到对方，哪怕只有百分之一秒的接触，他们也心满意足。于是他们相互约定，在飞鸟掠过海面时，鱼奋力跃起，完成他们百分之一秒接触的夙愿。

飞鸟满怀着激动的心情，平滑着美丽的翅膀贴着海面飞行，就在鱼看到飞鸟与自己最接近的那一刹那，她使尽浑身的力气，奋力弹起。

鱼终于冲出了水面，鱼的头与飞鸟美丽的头碰在了一起，也就是在那一刹那间，百分之一秒的时间，悲剧发生了，飞鸟的头流出了血，是鱼奋力跃出水面所撞击出的血。

飞鸟死了，死的时候，它的脸上带着笑，因为他终于体会到触摸最心爱之人的感觉。

这种结局对他们来说是不是也是一种完美？

想要找寻属于自己的爱情，就必须清楚自己想要的是什么样的。你不仅要了解自己，还要给自己足够的时间去积累和沉淀，当你找到属于自己的爱情观和择偶的标准的时候，你应当对自己的爱情有了一定的理解。

当然，适合的爱情需要很多的外在因素。

首先，要有共同语言，如果没有共同语言，两个人如何走到一起。感情需要言语去沟通，而没有共同语言的两个人坐在一起就像陌生人一样，久而久之必定关系冷淡。

其次，两个人必须有相匹配的价值观、世界观和人生观。爱情里每一件事都是大事，就算看个电视、讨论个新闻都非常重要，如果三观不同，那以后会矛盾重重。

最后，家庭背景要相差不大，在生活中经常有女生拒绝富二代求婚的事情发生，不同的背景会造成不同的观念，这是很难改变的。

5. 再寂寞，也不能随便找个人恋爱

单身的你是如何度过情人节的？又是如何躲过快餐店里“第二杯半价”的尴尬的？单身的你是如何回复朋友之间“找对象了吗”这类问题的？

生活中总有些人受不了寂寞，想随便找个人谈一场轰轰烈烈的恋爱，但是最后受伤的总是自己。

小米是生活在小都市的白领。周末和假日是小米最难熬的时候，她一个人

在异地，亲人不在身边，朋友也不多，也没什么爱好，只能在住处看电视。每当这时，无尽的寂寞感就会随之而来，并且怎么也挥之不去。参加公司聚会时，很多同事都带着自己的另一半，而她却是形单影只，这让小米的寂寞感更加强烈。

长久的寂寞让小米再也按捺不住，她通过交友网站找了个男人并很快谈起了恋爱。两个人在同一个城市，对方总是来看她，开始时两个人有说有笑，让小米颇感欣慰，认为自己终于可以不用再继续忍受寂寞了。但是渐渐地，小米发现，男友吝啬无比，他们在一起的花费几乎都是由小米出。小米开始并没有太在意，她觉得只要能相处下去，没必要太计较这些。但是一次“借钱事件”，让小米终于看清了男友的真面目。

男友在一次出差途中给小米打来电话，说自己在外地被偷了所有的财物，现在连回去的路费都没了，让小米“救济”一下。小米二话没说，就给他汇过去五千元。谁知过了两天，小米又接到陌生人的电话，对方说自己是某地的医生，小米男友在回去的路上出了车祸，现在急需手术，需要三万元的手术费，再晚了恐怕要导致残疾。

小米很心急，虽然她和男友的感情不是很深，但毕竟也相处了一段时间，自己的生活也因为男友的出现而变得充实起来。于是，小米还是在第一时间把需要的钱汇过去了，并打算立刻请假去男友出事的地方探望。谁知，自此以后，男友的电话却再也无法接通了，小米这才知道自己上了当。

再寂寞，也不能随便找个人恋爱。因为这时候的恋爱仅仅是短时间的依靠，而非真正意义上的爱恋。寂寞的时候盲目恋爱，很容易让自己受伤害，因为你不是用心在恋爱。

其实，不用过分期盼爱情来得太快。如果你恋爱了，也不是因为寂寞了想恋爱，而是因为遇到了对的人。

什么是对的人？当然，对的人不是因为他不错，而是因为他不错且你们互相喜欢。爱的前提是喜欢，而不是凑合。如果你点了一道菜上来的却是另一道菜，虽说凑合也能吃吧，虽说你不挑食，但是吃着还是很不舒服。这就是凑合的感觉，恋爱也是如此，不能凑合，凑合的永远不会是好的。

再寂寞，也不能随便找个人恋爱。因为你要相信，属于你的爱情只是来得有点晚。

我们不用太着急恋爱，毕竟恋爱只是生活中比较重要的一部分而已，而不是全部。但是随便找个人，让对方走进自己的生活，从而占据生活里比较重要的一部分，这样是不是太随便了呢?

6.等待是爱情的一部分

近几年来，“单身狗”这个词开始走红，再加上“秀恩爱”这种摧残别人的方式，致使许多单身人士都想该找个对象了。

其实，并不是这样的，等待也是爱情的一部分，

爱情是一场优雅的等待。张爱玲的《爱》中有这么一段话，“于千万人之中遇见你所遇见的人，于千万年之中，时间的无涯的荒野里，没有早一步，也没有晚一步，刚巧赶上了，那也没有别的话可说，唯有轻轻地问一声：‘噢，你也在这里吗？’”

刘若英说：“相信爱情的人迟早会和爱情相遇。”很多30岁左右的女性在不得不说出年龄的时候，总要把自己说成是二十八九岁，好像30岁是一个分水岭，这个年龄再不恋爱就“晚”了。其实不是这样的，我们不要给自己设限，更不要被别人设限，对爱情保持顺其自然的态度，不断提高自己，静待缘分，迟早会和爱情相遇。

等待是爱情的一部分，因为爱情值得守候，所以选择等待。等待不需要解

释，仅仅是因为爱情。

当然，等待不是“傻等”，不是坐以待毙。在等的过程中我们要不断提高自己，“你不要找，你要等”的含义是不能急，二十岁恋爱可以，三十岁恋爱也很正常，不能因为身边的人都纷纷恋爱结婚了，自己就心焦气躁。爱情是一个水到渠成、顺其自然的过程，着急是没有用的。

7.当你足够优秀时，爱情自会来敲门

你们是不是碰到过情侣套餐打折的尴尬？因为你带来的只有你的影子。形单影只的你不明白，自己渴望爱情的心明明跳得那么厉害，可为什么丘比特箭总是射不中它？

梦里，丘比特告诉你：“当你足够优秀时，爱情自会来敲门；当你发光发亮，站在足以让别人注视到你的地方，那时候你会拥有你想要的一切。”

芒果在网上说，她有一位好朋友丫丫，大学住在一个寝室。丫丫前不久告诉她，年近三十的她终于要嫁人了，对方是一位海归博士，有品位而且儒雅，现在一所大学里当教授，年龄相仿而且对她非常好。

芒果说，丫丫的家庭条件不好，而且其貌不扬，个子不高还有点黑，身材中庸，重要的是皮肤不是很好，还有些疙瘩。在苏杭那种盛产美女的地方，丫丫就是一枚活脱脱的丑小鸭。虽然丫丫为人热情、善良，心肠好到不行的那种，但在这个看脸的世界，丫丫只能是被忽略的背景板。很多人仅仅只是将她当作同事或者哥们，丫丫还遇到过四处玩暧昧还装无辜的“渣男”。

但后来，丫丫成为她见过蜕变最多的姑娘，行动力超强的她获得了所希望

获得的，包括爱情。

丫丫说，她常常有许多新鲜的想法。比如，某天她说：“我非常羡慕城市里长大的姑娘，小时候父母会培养她们很多的爱好，我在农村长大啥也不会，觉得很遗憾。最近看电视觉得女孩子拉小提琴很有气质、很漂亮，也想去学。”

让芒果没想到的是，丫丫竟然坚持了五年，琴也换了三把，从刚开始拉锯般的声音到现在竟然能够拉完小夜曲或者流行歌曲。

现在的丫丫，身上的技能太多了，听上去让人吓一跳。她从一个灰头土脸的乡下姑娘变成一个会拉小提琴、会瑜伽、会游泳肚皮舞等主动技能的气质妞，虽然她的外表不够漂亮，但是内在却足够完美，生活在阳光下的她越来越吸引人。

而今，丫丫已经遇到了自己的王子，她已足够优秀，终于等到了爱情的门铃。

许多时候，我们会羡慕别人的荣耀，畅想着某一天他们的光环会落在自己身上，在舞台上获得最高的殊荣。可是，我们何曾看到过他们的努力？他们不是靠天生，他们有着自己的奋斗。可是，我们却失去了那颗充满激情和奋斗热情的信心。羡慕也只是说说而已，但并没有去努力向着那个目标努力。

或许现在你期待爱情，或许现在你还在羡慕别人的爱情，但你不能忘记单身的滋味，你应该为了你喜欢的人或者东西去努力。

如何让自己变得足够优秀？

首先，要有一个良好的形象、一个健康的身体。不是每个人都天生丽质，就算长得不好看也要维护自己的形象，头发衣服要整洁；走路要挺胸收腹，挺起腰板才会有吸引力；身体健康而且要强壮，毕竟身体是意志的体现。这样就离优秀又远了一步。

其次，要有一个良好的心态——自信，好学。和别人交流不能产生自卑的想法，否则整个交流都会陷入封闭，自信的人往往可以找到比对手强大的地方赢得尊重。好学是必需的，中国有句古话叫“活到老、学到老”，想让自己更加优秀，就要多学习，不断地为自己填充新的知识和技能，这样，自身的素质自然而然会提升，并且开始展现魅力。

最后，就是让自己在内在上足够优秀。为人诚恳，谦虚谨慎，懂得谦让，说话有技巧，学会理解别人，等等。这些优点都会让你在圈子里获得足够的人气。领导开始赏识你，同事开始喜欢你，与此同时异性也会注意到你，轻叩你的心门。

8.“我是婚姻无所谓主义者”

“我不是‘不婚主义者’，我是‘婚姻无所谓主义者’。”做过演员、导演的徐静蕾面对采访时说出这样的一句话。这种“无所谓”的潇洒姿态，感觉颇为酣畅。

“婚姻无所谓主义者”似乎是未结婚的大龄青年们的一个最好的托词，但它不只是托词，它是现在“剩男剩女们”对婚姻的一种看法，是看似荒谬却颇具现实意义的一种看法。

“婚姻无所谓主义者”并没有否定爱情，也没有否定婚姻，他们只是不把婚姻和幸福绑在一起，不愿意为了结婚而结婚。他们希望，结婚是为了爱情。所以，他们对婚姻都保持着一种有想法但是不着急的心态。

有人说，不着急结婚的女人都嫁给了爱情。诚然，不着急结婚的女人，因为有着对婚姻的一丝不自信，因此她们不愿意将就，她们对爱情有一份执着的期待，那份执着近乎偏执，但确实理智。因此，到最后，她们都嫁给了爱情。

娱乐圈是令人十分羡慕的圈子，最近几年频频爆出某男女一线明星结婚，但还有许多大龄的“剩女姐姐”，她们都不着急吗？是的，她们还真的不着急。她们都相信并且期待着爱情，虽然现在爱情还没到，但相信只是在路上罢了。

生活中，总有些人抱着“婚姻无所谓”的态度，并不是说她们不愿意结婚，而是因为找不到适合自己的人，她们不愿将就。

如果结婚不能让人更幸福，那就不如不结婚。现在结婚是为了什么呢？答案当然是幸福，是由爱情点燃的幸福。

现在，女强人可是遍天下，因此，女人不再为了生活而轻易结婚，她们都拥有自己的事业，有足够的资本去等待属于自己的幸福。她们加入“婚姻无所谓主义联盟”，只是单纯地找一个正当的理由等待嫁一个对的人。

对婚姻持无所谓的态度，就是一种不着急的表现。结婚并不是一个简单的决定，而是足以决定你后半生的事情，要考虑很多事情，而不是简单爱着对方就足够了。结婚是搭伙儿过日子，要为两个大家和一个小家考虑，要考虑未来的生活，考虑到生活的方方面面。因此，结婚并不能着急。

持有“婚姻无所谓主义”态度，并不是不婚。不婚是不想结婚，是因为他们压根不想接受婚姻带来的压力和责任，他们不愿去承担，所以他们拒绝婚姻。而“婚姻无所谓”并不是拒绝结婚，只是在寻一个恰当的时机而已，这个时机不是由外部和内部的因素所产生的，而是爱情自然而然的一种表达。

第十章

优秀之前，别谈人脉

1.人脉：你认识谁不重要，重要的是你是谁

我们总能听到父母长辈说："工作之后多认识几个朋友，多积累人脉。"可是，当我们走向社会、积累人脉的时候，却发现这个社会又变了，变得和先辈们说得不一样。即使我们认识了牛人也没用，他们看的不是我们的人脉圈子，而是我们存在什么价值。就像我们去银行贷款，因为自身没有足够大的名誉和资本，所以银行并不认识我们，给我们放贷的概率肯定会变小或者额度减小。

蓉蓉回忆起她刚毕业参加工作那段日子，可谓是一把鼻涕一把泪；尤其是去其他单位、公司跑广告、拉业务，真的是求爷爷告奶奶，最后还是没完成任务。因为她家是普通家庭，没有人脉关系让她动用到工作中。

那段日子，最让蓉蓉印象深刻的是一次约客户吃饭，目的就想签下广告合作单；但客户总是找各种借口推脱，虽然没有明说，蓉蓉心里却明白，客户不愿意与她合作。

这天是她和客户提前两周便预约好了吃饭的时间，对方也答应了，可最终对方还是爽约。那天蓉蓉一个人去吃饭，回家路上又下大雨，她索性淋着雨回家。第二天到公司上班时，办公室同事不知道从哪儿得到的消息，拿蓉蓉既没完成任务又淋雨回家的事情开玩笑，让蓉蓉有些尴尬。

那几天，蓉蓉一直因为这件事而郁闷。蓉蓉的同事李小姐工作已三年了，在公司里混得风生水起，既有出众的外貌，也有很强的工作能力。

于是，蓉蓉鼓起勇气发信息给这位高冷的李小姐。李小姐告诉蓉蓉，客户之所以不买账，是因为她刚大学毕业没有分量、没有资历，在客户心中无法占据一席之地，也不能为客户创造价值。但如果她做出了些成绩，拿下一两个项

目，或者有某某名流举荐，客户估计巴结她都来不及。

听了李小姐的话，蓉蓉开始自我检讨，总结她能为别人带来什么价值，这是蓉蓉思考了很久的问题。然而，工作没有捷径，无非是一步一个脚印地前行，若有什么捷径可走，那便是放大自身的特长或技能，以此获取旁人目光，吸引优秀人物关注。

经过这件事之后，蓉蓉苦练内功。她明白，只有自己变成了有价值的人，也能为别人带来价值，在职场中才能如鱼得水地行走。

想和优秀的人建立关系，必须让别人记住你，让别人觉得你有价值，这样对方才会在你需要的时候搭把手。如果你一无是处，对别人来说，帮你只是浪费时间或者金钱，那么别人当然没有兴趣帮忙。

想要有强大的人脉，就要让自己优秀起来，先对自己做好投资，让自己逐渐强大，这样才会遇见贵人，慢慢积累属于自己的人脉。

当你让你自己足够优秀的时候，你就会明白，以前自己想要积累人脉的作为是多么地愚蠢，当你变得足够强大时，人脉会不请自来！

2.你是什么样的人，就会吸引什么样的人

常言道“近朱者赤，近墨者黑”。在生活中，我们每个人都有自己独特的气场，这个气场就如荷尔蒙一样四处弥漫，只有懂它的人才会被吸引。比如，你是一个阳光且活泼好动的人，那么性格开朗的人愿意和你一起玩；如果你是一个“游戏狂魔”，那么那些爱好打游戏的人才愿意和你做朋友。和这些道理一样，你是什么样的人，就会吸引什么样的人。

有两个女孩儿，一个叫刘萌，一个叫王佳。她们同时进入一家公司实习，现在已经过去五年了，但她们的生活差距太大了。

刘萌住的是酒店式公寓，有一辆中档的车，而且每逢发奖金的时候都会去购买足够多的衣服和化妆品，周末和朋友到处吃美食，因为她有一份完全可以支付自己生活的工作，还有一个疼爱她的男朋友。

而王佳的工资只够支付生活费，生活档次相对于刘萌已经天差地别。所以她总是抱怨运气不好，没有像刘萌一样认识行业里有权威的人，有那么优厚报酬的工作，也碰不到像刘萌男朋友那样的人。

然而，她不知道的是，刘萌认识行业里权威的人完全是因为当初一起实习的公司同事给过她一张参加策略报告会的票，刘萌去了，她没有去。刘萌曾经在她看电视、玩手机的时候拼命地学习，看着比字典还厚的书籍，彻夜未眠就是为了一个完美的方案。刘萌在她男朋友失意的时候陪他一起咬牙坚持了过来。

这些王佳都看不到。刘萌的运气完全来自她的主动，她主动去创造机缘，不怕辛苦地做事和学习，这些事都促成了她找到好工作的机缘。

你是什么样的人，你便会吸引什么样的人。面试的时候，领导选中你，或许就是因为你的某一个品质吸引了他，或细心谨慎，或兢兢业业，或吃苦耐劳，或温文尔雅。如果你没有吸引他们注意的品质，他们当然不会选择你，因为你对他们没有任何的吸引力。

碰到某个人是因为缘分，也是因为幸运；但那些能够被你吸引并且欣赏你的人就不是由简单的幸运所能决定的。他们愿意伴你左右，因为在他们的眼中，你的美丽背后有着长久以来的一种积累和坚持，所以才能带给别人吸引力。如果没有那种吸引力，就算幸运地遇见了，他们也会因为你没有吸引到他们的元素而对你“视而不见”。

如果你想要那样的幸运和机缘，如果你想遇到你期待的那种人，如果你期望那些美好常伴左右，你就应该成为那样的人。

她出国学习语言，一切算是重新开始。她是最有意思的一名中国留学生，对一切的人和事都充满了好奇，她能与同学打成一片，于是奇迹发生了。

两年后，学校成立了一个汉语言专业，需要一名懂汉语言的助教，她的语言老师就推荐了她，老师说道："没有人比她更加合适了。"她没有文凭，也没有任何的教学经验和资历，可是所有人都认可她，认为她最合适。

于是她就成了这个大学的一个职员，这时她出国仅仅两年。

你是什么样的人，你就会吸引什么样的人，这是亘古不变的道理。强者一直不愿和弱者做朋友，就是因为弱者对强者来说是毫无价值，除非对方身上有吸引强者的东西。没有任何吸引力的弱者就只能沦为社会的最底层，自生自灭。

没有人愿意放弃对自己有吸引力的人，也没有人愿意去追随一个没有吸引力的人。想要别人对你刮目相看，就要有让别人刮目相看的本事；想要幸运，就不要着急，慢慢地修炼自己独特的品质。这样，即使前面错过太多的幸运，但是后来的幸运会更多。

3.你若不够优秀，拿什么吸引投资

很多人都在抱怨生活不公平，有人凭借他人的帮助很快就"坐拥一片江山"，但自己却还挣扎在社会的底层。

其实，你不知道他们为什么能够引起别人的注意。因为他们足够优秀，他们优秀的品质吸引了别人。

有人说，如果谁把我推荐给马云，我肯定能轰轰烈烈地干一番大事出来。但是这是不是你的异想天开？为什么你觉得把你推荐给马云你就能够得到投资？如果你有这么优秀，为何还需要别人来引荐？倘若现在的你还不够优秀，给你引荐马云也没有什么用。

有一个人名叫亨利，是一名海归。回国后，他没有找到满意的工作，因为不是嫌工资太低就是嫌工作要求太多。

有一次，亨利通过朋友的关系见到了IT界的大亨，这名大亨给了亨利五分钟的时间让他来阐述为什么找自己并且有什么值得自己注意的地方。大亨的时间很紧迫，能够给他五分钟已经是天大的好事了，但是这名海归完全就是一脸蒙，他本以为凭借海归的身份便能够获得一份满意的工作，最起码通过朋友的关系能够入得了大亨的法眼。

但是他想错了，大亨只给了他五分钟时间，时间到了之后就立刻离开了，并没有一丝留下亨利的意思。

亨利不甘心失败，他知道，他的海归文凭在人家眼里一文不值，而自己确实也不够优秀，没什么能够拿得出手的能力。因此他下定决心再深造。

随后，亨利开始自学相关的知识，并且拿到了国际认证的Macromedia与Adobe（Macromedia和Adobe是一系列工具软件）证书，他彻底“武装”了自己。

随后，还没有等他找工作的时候，之前的业界大亨便亲自给他打电话，邀请他加盟，并且许下了丰厚的报酬。

亨利答应了。他知道了，当年并不是别人看不起自己，只是因为当时的自己不够优秀，没能引起人家的注意罢了。

世界很大，我们不能盲目，也不能着急。我们要相信，自己足够优秀的时候，不用被人引荐就足以引起资本的注意。那时候的我们回头对现在的自己说：“加油，你需要加倍努力，因为你不够优秀。”就如还在学习走路的人，如果给他一辆车他根本就没有办法驾驭，因为还没有“资格”去驾驭它。

现在的我们确实不够优秀，那该如何让自己变得优秀？林肯曾经说过，合适的目标是成功的一半。什么是合适的目标？合适的目标就像汽车的引擎，如果你没有找到合适的目标，就会像失去引擎的汽车哪里也去不了。

如果拥有了最契合的目标，就会有足够的动力去靠近它，这样也会变得积极并且做起事来也很有效率；拥有了最契合的目标，在面对诱惑的时候我们会下意识考虑到底对达到目标有没有帮助，这样我们就很容易做出选择并且很快去实施。

再加上，努力寻找前往目标的方法，就容易面临着犯错。但是希尔顿酒店集团的创始人康德拉·希尔顿说过：“成功似乎总是与行动相联系，成功的人总是在行动。他们虽然犯错误，但他们从来不会放弃。”

想要让自己变得足够优秀，就要更优秀，今天的自己比昨天的自己更优秀，明天的自己比今天的自己更优秀……长此以往，每个人都会变得足够优秀。

当你不够优秀的时候，给你引荐马云又有什么用？所以，还是认真地琢磨自己如何变得更加强大吧。是金子总会发光的，为了让别人能够看见你这块金子，你就要想办法剔除包裹你的泥沙，让自己璀璨，让自己耀眼。

4.想结交业内顶尖人才，先让自己成为领域内的精英

如果你只是业内一名不起眼的普通人，想要结交业内的顶尖人才，这很难；但如果你是某行业内的大咖，那要容易得多。比如，你以顶尖医生、顶尖会计师的身份，去结交一位知名律师，相对要容易得多。

资源上平等，彼此身上有吸引对方的价值，这是两个人愿意来往的出发点。

就如你手里有一个苹果，我手里有一个梨子，咱们交换一下，可以尝尝不同的味道。假如你的手里暂时没有梨子，你也得让对方看到你有得到一筐梨子的能力和潜力。

年轻的时候，不要抱怨自己没有结识大人物的机会，更不要抱怨大人物瞧不起普通人，不对等的关系那不叫人脉。

年轻的时候，与其把时间花在多认识人上面，不如花时间把自己修炼成业内的顶尖人才。

让你快速进步的最简单方法就是向业内的精英们学习。

业内的顶尖人才并不是一朝一夕练就的，而是需要日积月累，才能厚积薄发。

李开复先生曾经说：信息社会不比工业社会，相对于工业社会时期的20%、30%的差距来说，现在的顶尖人才和普通人才的差距足有二十倍、三十倍甚至一百倍。

一百倍的差距足以让普通天才们仰望，所以，想要和他们对话，就必须有足够的资格，你必须让自己成为领域内的精英。

作家格拉德威尔在《异类》一书中指出："人们眼中的天才之所以卓越非凡，并非天资超人一等，而是付出了持续不断的努力。一万小时的锤炼是任何人从平凡变成超凡的必要条件。"

他将此称为"一万小时定律"。要成为某个领域的专家，需要一万小时，按比例计算就是：如果每天工作八个小时，一周工作五天，那么成为一个领域的专家至少需要五年。这就是一万小时定律。

因此，我们如果想要和顶尖人物平等对话，就需要有和他们平等的资格，我们要努力提升自己，一步一步向他们靠近，不需要太过着急，因为我们有足够时间去学习。

5.不要急功近利

俗话说："平时不烧香，临时抱佛脚"。因此，庙里拜佛烧香的人总是络绎不绝，许多人来求取法缘。可是，多数人都只有在临时有事的时候才想起来拜菩萨，他们把菩萨当成了买卖的工具。

生活中，我们不能急功近利，平时要多去"冷庙烧香"。帮助别人是一件两全其美的事情，既能让对方的困难得以解决，也能让自己收获满足。在别人有困难的时候帮上一把，你会有意想不到的收获。

梅丽的第一份工作是前台，工资非常低；但是梅丽工作很认真，并且对同事很友好。

后来，人力资源部经理李悦为了自身发展，辞职跳槽了。根据公司规定，提出辞职到正式离职需要一个月内招聘新人接手，因此李悦需要再待一个月。

这一个月，平常晃悠在李悦眼前的同事不在了，那些之前一起逛街吃午饭的同事现在连话都懒得和她说，平时走路碰到她都装作没看见。这让李悦感受到世态炎凉。

但是梅丽是个例外。她是前台，但每次李悦经过的时候她都很热情地打招呼。有一天早上，梅丽发现李悦的眼圈是红的，便问她缘由，李悦解释说她的母亲动手术了，连续几天她都在医院陪护，实在累得够呛。

梅丽随口问了一下李悦母亲的医院，便离开了。

下班后，梅丽带着营养品去医院看望李悦的妈妈。李悦很意外，虽然马上要离开公司了，但是梅丽的做法让他感到很温暖。

梅莉那天没有走，坚持要留下来陪护："我一个人住，回去也是一个人，还不如在这照顾伯母呢，和你替班，正好你也休息下，这几天你太累了，我看着都心疼！”这番话说得李悦感动不已。

随后李悦跳槽到一家大型企业担任人力资源部经理，在人力资源部缺乏人手的时候她向老板推荐了梅丽，获批后直接挖了梅丽过来做人事助理。

两年之后，李悦被提升为副总，而梅丽也在李悦的推荐下做了人力资源部经理，工资是当初做前台的五倍。

在职场中，职场新人和即将离职的人总是容易受到排挤，在他们遭冷遇的时候对他们好，这种雪中送炭的行为会让别人非常难忘，因此当对方有能力帮助你的时候他们一般都会尽力而为。

做人友善、为人不势利、冷灶照样烧、冷庙照样拜的人一般运气不会太差，因为他们的那颗善良的心会为他们带来更多的机遇。

切勿急功近利，不讲大局，不能为了一时的利益而不顾长远后果地下结论，毕竟谁也不能预知未来，或许你会因为当时的急功近利失去了一生中最渴望的东西。

张扬，曾担任某公司的领导，每年年底的时候，礼物和贺卡就像雪片一般地飞来。可是一次他因大病离任休养后，所收的礼物就只有那么一两件，贺卡一张也没有收到，以往访客来往不绝，今年却寥寥无几。

正在张扬心情寂寞的时候，以前的一位下属带着礼物来看他。在他任职期间，他并不是很重视这位员工的。可是来拜访的竟然是他，使张扬感觉心里暖融融的。两年之后，张扬大病初愈，又回到原来的岗位。很快就重用并提拔了当初在他落魄的时候来看望他的那位下属。

何谓“热庙”？何谓“冷庙”？在“热庙”里，即使你拜了，“菩萨”也不知道，并不注意你；但是在“冷庙”里，你拜了，“菩萨”肯定会大喜过望。毕竟他只是一尊“冷菩萨”，而今有人拜他，他自然会一直记在心里，等到能够帮助唯一拜他的人的时候自然毫无顾忌。

交朋友切勿急功近利，就算是友情投资也要走长线，平时多拜拜冷庙、多烧烧冷灶，即使很忙，抽出时间打个电话关心一下，询问一下朋友近况，哪怕只言片语的问候也是温暖的。

6.像经营百年老店一样慢炼“人品”

好的人品需要像一家百年老店一样值得信任。人们选择去三百年的老店——同仁堂买药而不去一些近的药店，只有一个原因，因为他们信任同仁堂，这是一种认可。生活中，如果我们能够被人如此信任，那就是实现了自己人格的升华。

人品就像你信用卡里的信用额度，信誉度就是生活中的点点滴滴的影响，这是时间在操纵的。

福特先生大学毕业后，去一家汽车公司应聘。和他一同应聘的四个人都比他学历高，当前面几个人面试之后，他觉得自己没什么希望了。

但既来之，则安之。他敲门走进了董事长办公室。一进办公室，他便发现门口地上有一张纸，他弯腰捡了起来；发现是一张渍纸，便顺手把它扔进了废纸篓里。然后才走到董事长的办公桌前说：“我是来应聘的福特。”

董事长说：“很好，很好！福特先生，你已被我们录用了。”

福特惊讶地说：“董事长，我觉得前几位的条件都比我好，你怎么录用我了？”

董事长说："福特先生，前面三位的确学历比你高且仪表堂堂，但是他们的眼睛只能看见大事，却看不见小事；你的眼睛能看见小事。能看见小事的人，将来自然能看到大事，一个只能看见大事的人，会忽略很多小事，是不会成功的。所以，我才录用你。"

福特就这样进了这家公司，这家公司不久就扬名天下，福特先生把这个公司改为"福特公司"，也改变了整个美国国民经济状况，使美国汽车产业在世界占据鳌头，这就是今天"美国福特公司"的创始人福特先生。

人品或许不能带来即时的财富，但是人品能带给自己平安、祥和、尊重。就像大部分企业家都明白"企业的竞争其实是人才的竞争"，但是他们有人却不明白"人才"的含义。"人才"不仅是指专业、能力和技术方面的优势，还有不可或缺的一部分，那就是人品，努力上进、对企业忠诚，这些都是很重要的。

如何才能在别人的心中留下好的人品印象呢？首先，我们就必须具备良好的人格品质。聪明的人以诚实作为开拓自己在他人心中好印象的那一把刀。他们明白，只有别人先信任你，你才能接着展现自己做人的风采。如果别人不信任你，人家不仅会避开你，还会进行防备，即使你人品再好也白搭。

一个讲诚信的人，他的自我是纯真的、稳定的、健康的，体现出一种理想的道德力量和意志力量，为他人所信赖。莎士比亚在《哈姆雷特》中说："对自己要诚实，才不会对任何人欺诈。"因而，真诚和守信用是一个人自尊自重的表现。

曾有一位著名的企业家对一位诚实守信的年轻人说："虽然你很贫穷，可还是有许多人愿意仅仅凭你的信用借给你巨额资本，因为他们知道，信誉是最好的资本。拥有像你这样品质的人，胜过那些拥有10万美元却没有信誉的人。"这位企业家还说："如果每个年轻人都足够诚实，那么他们每个人都有赚钱的机会。"

就像西塞罗所说："没有诚信，哪来尊严。"在人与人的交往中，诚信是必须存在的，因为，信任是第二次交往的邀请函。诚信之人必然能够得到他人诚信的回报，在与他人的交往中，我们要以诚待人、相信别人。如果大家都生活在尔虞我诈里，岂不太悲哀了。

一个人诚实守信与否，涉及他是否有自尊自重的素质。诚信是一个人内在气质的反映，是衡量一个人综合素质的重要指标，是成功的必备品德。

有些人无意中在自己拓展人脉的路上设置了一些障碍。他们因不守诚信常常使一些有意和他深交的人感到失望。要知道，诚信是一个人最基本的品质，是赢得他人信任的基石。如果我们要建造一栋人脉大楼，诚信就是地基，尽管我们看不见它，但它却是支撑大厦的关键。

7.经常提醒自己"我可以为别人做点什么"

当你想和一个人结交的时候，别总是想着你能从对方那里获得什么，你能得到什么样的帮助。你要多想想"我可以为别人做点什么"，这样才能真正地结交朋友。

人和人之间的交往从本质上来说是一个等价交换的过程，但这些不一定是物质上的，更多的是精神层面上的交换。你在别人难过伤心的时候陪伴对方、安慰对方，对方就会记得你的好，在你有需要的时候帮助你。

要经常提醒自己能为别人做点儿什么，帮不了大忙可以帮小忙，这就是简单的人情储蓄。尽自己力所能及的力量，经常帮别人一点儿小忙，这样关键时候才能从别人那寻来帮助，如果一味地"支取"帮助，那等到人情"透支"的时候，别人也不再愿意帮你。

朗德是美国俄亥俄州的一座小镇，以生产和经营棉纱闻名。

有一天，一位10来岁的小男孩在镇上玩耍，忽然他看见一个陌生的中年男子站在小货车边，愁眉紧锁。小男孩停下来问：“请问，我能帮你吗？”“非常感谢你的热心，”中年男子朝轮胎上指了指说，“你看，它已经完全瘪了！”“就是这点儿问题吗？那太简单了！”小男孩用最快的速度赶回家，拿来修补轮胎的工具。

中年男子非常感激，一边修补轮胎一边问他：“你父母是做什么工作的？”“他们都在镇子上经营棉纱生意。”小男孩回答。中年男子一听，兴奋地说：“太好了，你带我去你家的商店吧！”

原来，这位男子是做棉纱生意的。因为得到了小男孩的帮助，他与男孩的父母签订了大宗采购合同。

从那时起，小男孩就明白了一个道理：帮助别人，就等于是在帮助自己。长大以后，他投身商界，生意越做越大，建立了属于自己的商业帝国——洛克菲勒帝国。

转眼到了20世纪40年代，正逢二战结束，盟国决定在纽约建造联合国大厦。当各国首脑们为建楼的资金和地皮犯愁时，却忽然收到一笔昂贵的捐赠——一块价值870万美元的土地，捐赠方正是洛克菲勒家族。

与此同时，洛克菲勒家族还买下了这块地周边的大部分土地。联合国大厦建成后，它周边的土地价格飙升数倍。没有人能够计算出，洛克菲勒家族因此赚到了多少钱，但所有人都从这件事情上明白了一个道理：予人以利，自己有利！

当初的那个小男孩名叫约翰·大卫森·洛克菲勒，在他的一生里，从没停止过慈善捐赠。洛克菲勒曾经不止一次地对他的子孙们说：“帮助别人，就是强大自己！”

如果你不愿意去想你可以为别人做什么，能为他们带来什么好处，反而只顾自己能够得到别人多少帮助的话，那么你肯定是一个以自我为中心的人；如果你只想着自己能得到什么，而不顾你能给予别人什么，那么你便是一个自私自利的人。这个世界上，没有免费的午餐，也没有白掉的馅饼，你的每一份收获都需要你支付等量的东西。

失去一只脚的人在马路上偶然遇见了盲人，只见盲人正满怀希望地期待着有人来带他行走。

“嘿，”失去一只脚的人说，“一起走好吗？我也是一个有困难的人，也不能独自行走。你看上去身材魁梧，力气一定很大！你背着我，这样我就可以为你指路了。你坚实的腿脚就是我的腿脚，我明亮的眼睛也就成了你的眼睛了。”

于是，失去一只脚的人将拐杖握在手里，趴在了盲人那宽阔的肩膀上。

想要获得别人的帮助，首先要先学会帮助别人。不要觉得你没有经验，人微言轻就帮不上别人的忙，帮不上大忙可以帮小忙，只要是你真心付出的，都会有所回报。

虽然可能你暂时没有足够的能力去给他人更好的帮助，但是只要你愿意从小事做起，慢慢积累也是一笔很大的财富，为你的人脉打下坚实的基础。乐于帮助他人，乐于和别人分享，分享知识、分享资源、分享爱心，你帮助别人的，别人都会铭记于心。

8.努力提升自己“被利用”的价值

网络上曾流传一句话：“不要担心被人利用，能被人利用，那说明你还有价值。”这话虽然让听的人感觉很不舒服，但是话糙理不糙，事实如此。

没有人愿意把自己用“被利用”的价值来衡量，但是我们必须接受。如果你对别人来说是一个“利用价值”不高的人，也不会有人对你有太多的兴趣。这不是“势利眼”，而是人之常情。试问谁愿意在大街上和一个衣衫褴褛的乞丐说说笑笑呢？所以说，如果你想让更多的人喜欢你、接受你，你就应该努力提升自己“被利用”的价值。

人与人之间的关系是建立在互惠互利上的，这就是人脉的最高境界，即双方都对彼此有“利用”价值。就像学霸为什么只和学霸做朋友（这里的学霸指的是一心一意读书的同学），若你只希望他们能够指导你做题，却带不给他们任何价值，他们也不愿意和你做朋友的。

战国时期的周躁，很想访问齐国并期望在那里做官。可他自己的名声又不够，怕得不到齐王赏识，于是他对在齐国做官的朋友宫他说：“我想作为齐国的特使访问魏国，如果齐王能给我支持，我会出使魏国，并试着让魏国与齐国亲近。”

宫他听了后赶紧对他说：“这可不行，你这样说等于贬低了自己，承认自己在魏国不吃香，这样的人，齐王又怎会重用呢？”

周躁着急地问：“那你说我该怎样说呢？”

宫他给他出主意：“你不如自信满满地问齐王对魏国有什么期望，然后告诉他你可以倾魏国之力满足齐王要求。这样说齐王必定以为你在魏国是个很有影响力的人，自然会厚待你。然后你再去魏国，对魏王说自己能够倾自己全力，满足大王对齐国的要求。这样魏王也必定不会小觑你，反而会重用你。这样做你既可以打动齐王，又能打动魏王。”

周躁原本没有名声和地位，但他听从了朋友的建议，得到了齐魏两国的重用。这全靠他借魏之名抬高了自己，进而达到了在齐国谋职的目的，然后又假齐之名，让魏国也重用了自己。

很多人都在抱怨自己才华、能力得不到施展，碰不到伯乐，总是关注别人是如何对待我们的，而极少会去想我们凭什么能获得别人的青睐。其实，每个人都有自己独特的天赋和特点，但每个人的价值都需要通过别人的利用来得到体现和诠释。因此，当我们觉得自己得不到他人关注的时候，不妨在心里问一下自己：“我能为别人带来什么？”

在人际交往中，我们常常盯着一些对我们有用的人，总想获得他们的帮助，但是我们从未想过自己能带给他们什么“利用”价值，又凭什么获得对方的帮助。没有“可利用价值”，你就一文不值，甚至在某些人眼里你比摆错位置的花瓶还要碍眼。

所以，我们应该努力提升自己，让自己的“被利用价值”达到最优化。那么，我们如何才能让自己的价值提升呢？

首先，应该修炼自身。我们需要挖掘自己的专业知识，还要丰富业余知识，毕竟知识最容易获得自我价值的体现。要努力去扩大自己的发展空间，能够通过高价值的亮点博得更多人的倾心。

其次，我们应该多向别人学习。子曰“三人行必有我师焉”。我们身边的每一个人都有自己独特的闪光点，这些都需要我们去努力学习，虚心求教，努力从他人那里学到自己稀缺的东西，以此来提升自己的实力。

最后，我们要学会吃亏。“吃亏是福”，但如何判断吃亏就是福，这些都是我们需要学习的，我们应该平心静气，着眼于未来，把眼前亏当作一种隐形投资来对待。

通过提供自己的“被利用价值”，让更多的人认识到你的价值，会给你增加一些新的机会。不要急于结交很多人，不要急于参加派对论坛交换名片，这些活动价值并不高。好好提升你自己，提高自己的“被利用价值”，有选择性地认识那些对你有价值的人，交换彼此的价值。

第十一章

默默奋斗，耐住寂寞才会赢

1. 当你的才华还撑不起你的梦想时

生活中总有些人活得很焦急，就像现在好多学生还没有毕业就在想工作不好找，钱不好赚，物价、房价各种涨……这些人想要尽快获得成功，以证明自己，但结果总是事与愿违。其实，你想要的，只有在经历了付出之后才会有收获。你现在的碌碌无为或许只是时间给你的一个考验，这个考验便是等待收获的过程。

许多年轻人刚踏入职场的时候心比天高，自命不凡，看不上简单低薪的工作，总是觉得自己才华横溢却没有遇到慧眼识珠的伯乐。但是当真正机会来临的时候才发现，原来自己的才能撑不起梦想，自己的能力驾驭不了野心。

大学毕业的谢凯自信满满地去一家顶尖的企业培训公司面试。他心想，凭借自己名牌大学毕业的优势足以胜任培训讲师这个职位；但结果却让他很失望，他的职位只是一个电话销售员。

面试的主管知道他心里不好受，说道："你刚刚毕业，没有工作经验，也不是对口的专业，以你的资历是没有办法做培训讲师的，还是认真从电话销售做起吧。"

工作和想象中的电话销售一样，谢凯每天像机器一样不停地打电话。但是三个月试用期结束，他的业绩依旧为零。没有一个客户愿意接受拜访，还被骂很多次。

谢凯想辞职，但是被主管给的一个试讲机会给拦下了，他想让谢凯看清自己能力，让他知道好高骛远是万万不行的。

看着会议室里的人，谢凯忽然觉得讲课并不简单，他紧张得开始浑身冒汗，感觉自己被领带勒住了脖子。然后没讲几句话，谢凯便晕倒在了台上。

事后，谢凯觉得面子上挂不住，没脸再回到公司，但他却被主管骂醒了："没有人在意你那芝麻小事，只有你自己在意，是个男人就要在哪里跌倒从哪里爬起来。

"年轻人，刚刚进入职场不要眼高手低，想要实现你自己的梦想，就要把手头的每一件事都做好。讲课不是靠天赋，而是经验积累出来的，唯有汗水不会辜负你。"主管缓缓说道。

之后的谢凯把所有心思放在本职工作上，并且积极学习培训课件和PPT，认真梳理课件并且参加演讲比赛，很快便成了销售冠军。

六年后，谢凯成为公司最年轻的培训讲师，并晋升为培训部主管。

梦想是需要才能支撑的，拥有才能支撑叫作梦想，没有才能支撑的那叫作空想。空想是无法实现的。

许多人在刚入职的时候发现自己非常迷茫。而所谓的迷茫，其实就是才华配不上梦想。大事干不了，小事不想干。整天只想着梦想，眼前的事情却不怎么想做，到最后一事无成。

能力不是从做大事锻炼出来的，而是从小事积累而成的。只有先从这些不起眼的小事情中锻炼积累出来能力，才能去做大事。

很多人知道自己的才华撑不起梦想，但他们不放弃。他们默默无闻，历经苦痛，尝过辛酸，最后都咬牙坚持了下来。终于，功夫不负有心人，他们都成功了，实现了自己的梦想。

也有很多人中途放弃了，他们选择了另外一条简单的路走下去。最后他们只能默默羡慕成功的人，然后再次审视自己放弃的梦想，想要捡起的时候，已经晚了。

当你的才华还撑不起你的梦想时，你需要的是坚持，努力去打造自己、磨炼自己，只有认真地做好眼前的每一件小事，才有可能处理好未来你所遇见的每一件大事。

2. 只要耐得住性子，冷板凳也能坐热

在篮球比赛中，除了球场上的10名球员外，场下通常还能看见几个一直没有机会上场的球员在等候做替补，也就是我们所说的“板凳”球员。因为在比赛中，只有当场上的球员因各种原因不能继续打球了，这几个球员才有机会出场代替他们。大多数情况下，他们一直将冷板凳坐穿也不能在观众面前露面。

现实生活里，也有很多人要面临坐冷板凳的情况，很多急性子都等不了，绝不甘心坐冷板凳。但是在这种情况并不是一句“不甘心”就能够解决的，我们能做的是不能急，耐心地将冷板凳坐热，做好该做的事情，自然有“上场”的机会。

从默默无闻到一飞冲天只是一瞬间，但是他们坐冷板凳的时间却有数十倍、数百倍的时间。每一份努力都会有一份收获，哪怕结果很脆弱；要耐得住寂寞，也要经得住寂寞，即使时间在一秒一秒地过。

梦想是前进的动力，梦想也是坚持的根源，只要怀揣着梦想，耐得住寂寞，即使是冷板凳也会坐热。

宫本武藏和柳生又寿郎是日本两位堪称一流的剑客，他们是师徒关系。可见宫本武藏的教导能力也是一流。

徒弟柳生又寿郎前来拜师学剑的时候，他们曾经有过这样的一段对话。

徒弟问：“我想成为一名出色的剑师，努力学的话大约需要多长时间？”

师父回答：“一生的时间。”

徒弟问：“如果当你忠诚的奴仆需要多长时间？只要你教我，我吃再多苦也愿意。”

师父回答：“十年的时间。”

徒弟问：“老父亲年纪已高，过不了多久我得照顾他了。如果我更加卖力地苦学，需要多长时间？”

师父回答：“三十年的时间。”

徒弟问：“一会儿说十年一会儿又说三十年，为什么会这样？我下定决心一定要在最短的时间内精通剑术。”

师父回答：“欲速则不达，急功近利的人都是这样。如果你用这样的心态，你得需要七十年的时间。”

柳生又寿郎明白了，他知道自己太过心急，便静下心来拜师学习剑道。

训练开始了，可师父对徒弟的要求却出乎意料：让他做饭、洗衣、打扫卫生，不许他提剑术。就这样过了三年，柳生又寿郎还是在做这些看似毫无意义的事情，他不免对自己的前途很是担心。

但某一天，师父趁徒弟不注意，悄悄地在他背后用木剑给予重重一击；次日，又趁其不备进行袭击。

从那以后，徒弟柳生又寿郎每时每刻都得保持高度警惕，随时预防师父的突然袭击。日复一日年复一年，柳生又寿郎最终成为全日本最厉害的剑术高手。

所谓“三年不鸣，一鸣惊人”。要知道，是金子总会放光的，只要我们用心打磨，即便只是一块铁，也能够打磨得价值连城，只需要我们能够耐得住这坐冷板凳的时光。

心稳，事业才稳。我们要拥有悠然的心态，只要拥有真正的才华，就不用担心不被重视，没必要急躁焦虑，耐心等待机会到来，成功才会水到渠成。

3.坦然面对一时不顺，耐心等待机会

水星逆行，是天文学上的一种天象，也是占星学里的一种事件。水星的名字墨丘利是罗马神话中的信使之神，负责所有信息的传递和交流。据说水逆时期通常是文书错误、信息丢失、机械故障、交通干扰以及各类细节相关问题频发的时段，在此期间你可能会被各种意外状况打乱阵脚。

水星逆行是真是假无从研究，但生活中我们常常遭遇不顺却是真的。没有一个人的一生总是顺顺利利的，部分人偶尔会进入到“不顺期”，不论做什么都不顺，心情也越来越糟。

人生起起伏伏，有顺利的衍生期，定会有不顺的迟滞期。面对一时不顺，我们要坦然接受，耐心等待机会出击。就像一条小水流，在下坡的时候畅行无阻，发出欢快的笑声；但是当它遇到上坡的时候，就会默默蓄势待发，积攒足够的力量冲破阻拦。

一个牧羊人养了两只羊。这两只羊几乎同时产下了两只活泼可爱的小羊羔。

一天，牧羊人像往常一样把这两只羊放了出去，把小羊羔留在了羊圈里，因为它们还太小，放出去会有危险。

两只羊渡过浅浅的河水，到对岸去吃草。但没过多久，突然天降暴雨，河水泛滥，小溪变成了激流。

牧羊人来到岸边，他知道羊该回圈给羊羔喂奶了。但他发现此时过河是不可能的。

其中一只羊在河对岸耐心地吃草，等待河水回落；而另一只羊却焦躁不安，并开始抱怨：“这水不会落下去了，我的孩子会饿死的，我们留在这里也会被狼

吃掉的。”正在吃草的那只羊试图使同伴安静下来，但无济于事。焦急的同伴没有听它的话，一跃跳进了河里。

跳入水中的羊在急流中游了几米，就被河水卷走了。

牧羊人在河对岸看到了这一幕，却无能为力。天黑的时候，河水回落。牧羊人小心地过了河，把另一只羊抱了回来。

我们就是要等待时机成熟才可以成功做事，心急吃不了热豆腐，但是我们往往会因为一时的不顺而失去理智，做出错误的判断，那样我们将失去得更多。因此，我们在面对不顺的时候要坦然，让自己的情绪得到控制，做出最准确的选择，等待最好的时机出击。

心中没有希望就不会耐心等待，因为谁也不会等待自己认为不可能成功的事情。最美好的希望往往产生于最无望的逆境中，如果因缺乏耐心而急于求成，我们就会失去成功的机会。

宋代大词人柳永第一次赴京赶考就落榜，第二次又落榜。他年轻气盛，自觉才高八斗，于是，很不服气，觉得自己被埋没了，便挥笔写下一篇充满抱怨和牢骚的词，叫作《鹤冲天》：“黄金榜上，偶失龙头望。明代暂遗贤，如何向？未遂风云便，争不恣狂荡？何须论得丧。才子词人，自是白衣卿相……忍把浮名，换了浅斟低唱。”

词的大意是说皇帝没有发现自己，朝廷遗漏了贤才。柳永只图一时痛快，压根没有想到就是这首《鹤冲天》造就了他一生辛酸。宋仁宗得知这首诗后，便下令：“且去浅斟低唱，何要浮名？”也就是传说中的“奉旨填词”，这意味着柳永永远也不可能踏入仕途了。柳永很悲伤，他开始流连风月场所，歌舞场的辛酸和旅途的风雨成就了柳永的不朽和宋词的辉煌，但是也让他此生再也没有办法踏入仕途、实现抱负了。

谁都有不顺的时候，谁都有处于人生低谷的时刻，越是在这种逆境中越需要耐心，慢慢地把逆境熬过去。如果像柳永一样发牢骚、抱怨连天，会摧毁自己努力的意志，造成失败后果。

有急功近利的心态是无可厚非的，但是我们应该学会控制这种心态，毕竟事情不是着急就能成的。任何一种才华的培养都是需要时间的，资质聪颖者可能需要的时间短一些，资质普通的人就需要较长一点的时间。而大多数的人应该都是属于普通一类的，有时候成功考验的不是一个人的能力，而是耐力，你再有能力却坚持不下去，也是白搭。

你要相信，不顺和挫折只是用来消磨你的意志的，让你变得更好才能继续走下去；它们不是来阻拦你的绊脚石，而是帮助你的垫脚石。相信自己不会就这么消沉下去，而会披荆斩棘地大步往前。

4.薪水微薄别气馁，未来更重要

二十几岁的我们，挥手告别了激情飞扬的青春，开始品尝职场的酸甜苦辣。在很多人的眼里，工作的目的就是赚钱，然后在赚钱的基础上再实现自己的人生价值。因此，对于刚参加工作的职场菜鸟们来说，薪资是一个不得不说的事。

虽然说，薪水是衡量一个人能力的尺码之一，但却不是唯一尺码。对于没有工作经验的小白来说，能力还未曾展现出来，所以，遇到薪水微薄的情况也不要气馁，未来最重要。

不要因为薪水微薄就采取一种“给多少钱，干多少活”的态度，这会使你失去更多。

公司或许可以掌控你的薪水，影响你选择工作，却无法阻挡你在工作中思考、学习、提高；无法阻挡你养成良好的工作习惯、积极的态度和良好的职业道德；也无法阻拦你为自己的未来所做的努力；更无法剥夺你将来因此而得到的回报。

杰克在一家国际贸易公司上班，虽然这家公司的规模很大，但杰克的薪资却不是很高，而且杰克感觉自己并不受重用，甚至是公司里可有可无的人。

一天，他和朋友一起喝酒，愤懑地拍了一把桌子，说："我的老板一点儿不把我放在眼里，我要辞职。"

朋友听到后说道："你对公司业务完全弄清楚了吗？对于他们做国际贸易的窍门都懂了吗？"

"没有！"杰克低沉地回答道。

"君子报仇，十年不晚。我建议你先把公司的贸易技巧、商业文书和公司运营完全搞通，甚至把如何修理复印机的故障也学会，然后辞职。"朋友说，"这样离开公司，你最起码学到了很多东西。"

杰克听从了朋友的意见，从此便默记偷学，下班之后也留在公司研究商业文书。

一年后，朋友问他："你现在还想辞职吗？"

"我发现老板对我刮目相看，不断委以重任，不但加薪还升官了呢。"杰克说道。

"我早就料到了。"朋友说道，"当初你的工资低是因为你能力不足，而且不努力学习。而现在你勤学苦练，能力提升不少，老板当然会对你刮目相看了。"

生活需要钱来支撑，钱的来源就是工作，但是钱却不是工作唯一的反馈和回报。工作是一段经历，都会对未来做出一些影响，因此，我们不能为了薪水微薄而气馁。

薪水只是我们获得的物质酬劳，而我们还必须从工作中获得一定的精神酬劳，这样工作才不会显得无味。

休斯·查姆斯在担任“国家收银机公司”销售部经理期间，该公司的财政发生困难，导致销售人员失去热忱，业绩下滑越来越严重，查姆斯先生为此主持召开了全体销售人员大会。

会议开始的时候，查姆斯请几位业绩最佳的销售员说明为什么销售业绩会下滑。这些销售人员每个人都有很悲惨的理由要倾诉：商业不景气、资金缺少、人们等着总统票选落定……气得查姆斯跳到桌子上，让会议暂停十分钟。

然后查姆斯令公司专职的擦皮鞋黑人小工友给他擦皮鞋，他就站在桌子上一动不动，擦完之后，查姆斯给了他一毛钱。

“你们看到这个公司专职擦皮鞋的黑人小工友吗？他的前任是一名白人小男孩，年纪比他大，公司还每周给他 5 元的薪水，公司有数千名员工而那个白人小男孩却还赚不够他的生活费用。而这个黑人小工友不需要补贴还可以每周存钱，同样的环境，同样的对象，为什么两个人的差距会这么大？是谁的错？”

“是白人男孩的错。”所有员工都大声地说道。

“那你们回去想想吧，公司业绩为什么下滑，散会。”

之后，销售员们都努力工作，找回了工作的热忱，挽救了公司。

只有对工作毫无热忱的人才会到处碰壁，而对工作有热忱的人，做什么事都会成功。工作是这个世界赐给我们的使命，它为了让我们更好地提升自己，发展自己。薪水低一点儿没关系，只要能够学到东西、完善自己，相信自己终有一天会成功。

5.成功就是简单的事情重复做，做到极致

把简单的事情重复做，做到极致，你就成功了。说起来很简单，但做起来却很难。

“精卫填海”“愚公移山”“铁杵磨针”等各种烂熟于心的故事主人公，他们都是在做最简单的事情，却做到极致，他们心中有成功的信念，所以必定会成功。

成功，需要持之以恒的精神。或许你觉得这只是一件微不足道的小事，却有可能成为你成功的最后一块基石。每一件事，不论它的大小，都有存在的意义和价值，只要挖掘出真正层次的价值，这就是成功。

有一位著名的推销大师，他年事已高，在退休之际要做最后一次告别演讲。他把地点选在了一个特别大的场所，那天座无虚席，人们都是来看这位大师的谢幕演讲的。

演讲开始后，大幕徐徐拉开，台上除了推销大师的身影，讲台中央还悬挂着一颗巨大的铁球，推销大师并没有急于演讲，而是邀请两个年轻人到台上来，递给他们一个巨大的铁锤，告诉年轻人用铁锤去击打大铁球，使它激荡起来。

第一个年轻人憋足一口气用力猛击，只听得“咣”的一声，可是铁球却纹丝未动。第二个年轻人接过铁锤，也使劲敲过去，依旧声音很大，铁球仍纹丝不动。

年轻人下台后，推销大师掏出一个很小的锤子，开始在铁球上认真敲打，敲击的声音“咚咚咚”响。现场的观众一头雾水，推销大师也不管他们，只是自顾自地敲着，二十分钟后终于有人按捺不住离席了。推销大师还在继续敲打

着，在四十分钟时铁球开始微微晃动，渐渐地晃动越来越大，晃动越来越高，震撼着每一个人的心。

推销大师开口说话了："这就是成功的秘诀，即使你的力量不够，只要你一直做下去，不断地重复做，就能够成功，我的演讲结束了，谢谢。"

成功是没有任何捷径可走的，不要说成功就是“做伟大的事业，出瞩目的成绩”，其实不然，成功来自平凡，它是平凡的积累，如果一个人把自己原本平凡的工作做到极致也是成功。

明朝万历年间，皇帝为了要抗御强敌，决心整修万里长城。当时号称天下第一关的山海关，早已年久失修。其中“天下第一关”题字中的“一”字，已经脱落多时。于是朝廷就号令天下所有的书法名家，到山海关把这个“一”字补上，被选中的会给予黄金百两的赏赐。但是从南到北来了近千位书法家，大家都饱蘸浓墨，纷纷地写“一”，大家都写得不错，可是原来的几个大字实在是太好，他们的“一”放进去就立刻大失颜色。

皇帝很气愤，说堂堂大国怎么连个会写“一”字的人都没有！

最终有一个人写出来的“一”完美契合牌匾，他只是山海关旁一家客栈的店小二，真是让大家跌破眼镜。

在题字当天，会场被挤得水泄不通，官家早就备妥了笔墨纸砚，等候店小二前来挥毫。只见店小二抬头看着山海关的牌楼，舍弃了狼毫大笔不用，拿起一块抹布往砚台里一沾，大喝一声“一”，立刻出现绝妙的“一”字。旁观者莫不给予惊叹的掌声。

有人好奇地问店小二：你都不识字，怎么能写得这么好？店小二说，自己确实不识字，他每天的任务就是擦桌子、端盘子，同时还负责在酒水的牌子上画“一”；有一个人要酒他就画一横，两人就画两横，他当了三十年店小二，已经不知道画了多少个“一”。

世人都渴望成功，但真正能成功的人少之又少；世人都渴望做成大事，而对小事、简单的事不屑一顾。其实，何谓不简单？简单的事情坚持做好，就是不简单。成功就是简单的事情重复做，做到极致，不断地重复，坚持十年、二十年，终究会有所成就。尤其像弹琴、写作、绘画等事情，更加不能偷工减料，没有上万小时的反复磨炼，是不会达到极致的。

我们要知道，再小的事情做到极致也能成就大事，对所做的事情保持极高的耐心和热情，不断重复，终能成功。

6.在人生的最低谷，也不要放弃努力

失败和成功是双生子，所以，成功路上总是伴随着失败。跌落失败谷底的泥沼里，每走一步都艰难万分，给原本就不知所措的自己平添了更多的痛苦。

于是，意志薄弱的人都选择了放弃，他们不再挣扎，任凭泥沼里的黄沙把他们掩埋；心存侥幸的人一直等待，他们只会等待，心中祈祷一架登云梯，然后优哉游哉地爬上去，可是他们的幻想终究不会实现；只有意志坚定者，在想清楚自己为什么会失败之后，开始在泥潭中奋力跋涉，不断审视着悬崖峭壁，思索着攀登上去的方法，哪怕一截小草、一段枯枝都是希望所在，都是他从失败里重新站起来的支点。

公司要裁员，名单中有内勤部办公室的红和秀，按规定一个月之后她们必须离岗。

得到通知的第二天，红的情绪仍很激动，跟谁都没有好气，仿佛吃了枪药。

她不敢去找老总发泄，就跟主任诉冤，找同事哭诉："凭什么把我裁掉？我干得好好的。这对我来说太不公平了！"她声泪俱下的样子，既让人同情，又让人不知该怎样劝慰。而她也只顾到处诉苦，以至于她的本职工作：订盒饭、传送文件、收发信件等，都不再过问了。

红原本是个很讨人喜欢的人，但现在她整天气呼呼的，许多人都开始怕和她接触，躲着她，到后来甚至有点厌烦她了。

秀就与她不同。在裁员名单公布后，她虽然哭了一晚上，但第二天上班仍然和以往一样工作。由于大伙儿不好意思再吩咐她做什么，所以她便主动揽活儿。面对大家同情和惋惜的目光，她总是笑笑说："是福跑不了，是祸躲不过，反正已经这样了，不如干好最后一个月，以后想干恐怕都没机会了。"她仍然每天非常勤快地打字复印，随叫随到，坚守在自己的工作岗位上。

一个月后，红如期下岗，而秀却被从裁员名单中删除留了下来。主任当众传达了老总的话："秀的岗位，谁也无可替代。像秀这样的员工，公司永远不会嫌多！"

在考验到来的时候，秀保持乐观，工作一天就履行一天职责，用心地做着自己的事情。她用实际行动和努力证明了自己。

跌倒了，我们会立马爬起来；可是失败了，为什么不是所有人都愿意努力站起来呢？

每个人都有属于自己的优缺点，因此走上了不同的人生路，失败的人看着自己的失败，羡慕地望着最终成功的人。他们觉得自己不能成功是天赋决定的，其实他们知道这只是他们寻找的理由和推脱的借口。

巴顿将军曾经说过："衡量一个人成功的标志，不是看他登到顶峰的高度，而是看他跌到低谷时的反弹力。"在低谷逆境中，最能考验一个人的毅力和耐心，稍有意志不坚就会被困境吓怕，放弃努力。著名作家二月河曾经说过，人生好比一口大锅，当你在锅底的时候，无论往哪个方向走，都是向上的。从这个角度上来说，既然已经身处低谷了，就没有可怕的了。只需要沉淀下来，做好自己该做的事情，继续努力，不放弃，是完全可以走出低谷的。

富兰克林曾说："坚韧之人，无往而不利。"性格坚韧的人是勇敢的，是足够伟大的，别人也会信任坚韧的人，相反，那些做事缺乏韧性和耐心的人，没有人愿意信任他，因为大家都知道他做事不可靠，随时都可能会面临失败。所以，让我们做一个性格坚韧、具有耐力的人，熬过一切苦难，熬过去就是海阔天空。

7.寂寞里不断充实自己，终将会遇见更好的自己

没有人不愿意明天比今天更好，也没有人愿意自己一直跌在谷底，做仰望他人的"小矮人"。其实，在寂寞里不断充实自己，终将会遇到更好的自己。

很多时候，充实自己并不只是在学校中学习知识，也不是在毕业后就无须继续，相反，正是因为脱离了学校这种环境后，更要主动对自己进行充实，不断地提高自己的各项能力。人生就是个"不进则退"的过程，不断地充实自己就好像不断地划动船桨，逆流而上。

就像减肥一样，许多人都在说"我要减肥"，但是真正成功的又有几人？大家都在幻想着减肥后的自己，但他们却都躺在沙发上来一个"葛优瘫"，然后给自己定义"减肥失败"。

坚持是充实自己的不二法门，许多人都有充实自己的想法，并且尝试去充实自己，但大部分人最终的失败是因为不能坚持。他们权衡了现状选择回到从前的生活，进而贴上失败的标签。

19 世纪初期，在太平洋两岸的美国和日本，有两个年轻人在为自己的人生

努力着。

日本人每月雷打不动地坚持把工资和奖金的三分之一存入银行，尽管许多时候这样做会让自己手头拮据，但他仍咬牙照存不误。有时宁愿借钱维持生计，也从来不动银行的存款。

相比之下，美国人的情况就很糟糕了。他整天躲在狭小的地下室里，将数百万根的K线一根根地画到纸上，贴到墙上，接下来便是对着这些K线静静地思索，有时他甚至能对着一张K线图发几个小时的呆。后来他干脆把自美国证券市场有史以来的记录搜集到一起，在那些杂乱无章的数据中寻找规律性的东西。由于没有客户挣不到薪金，这个美国人不得不靠朋友的接济勉强度日。

这样的情况分别在两个年轻人的生活里延续了6年。

6年的时光里，日本人靠自己的勤俭积蓄了5万美元的存款；美国人集中研究了美国证券市场的走势与古老数学、几何学和星象学的关系。

6年后，日本人用自己在艰苦岁月里仍坚持节衣缩食积累财富的经历打动了一名银行家。从银行家那儿获得了创业所需的100万美元的贷款，开了麦当劳在日本的第一家分公司，从而成为麦当劳日本连锁公司的掌门人，他叫藤田田。

同样是在6年后，美国人成立了自己的经纪公司，并掌握了最重要的证券市场发展趋势的预测方法，他把这一方法命名为“控制时间因素”。他在金融投资生涯中赚取了5亿美元的财富，成为华尔街靠研究理论而白手起家的神话人物。他叫威廉·江恩，世界证券行业尽人皆知的最重要的“波浪理论”的创始人。如今，他的理论被译成了十几种文字，成为世界各地金融领域的从业人员必备的知识。

藤田田靠节衣缩食攒钱起家、江恩靠研究K线理论致富，这两个看似风马牛不相及的故事中蕴含着一个相同的道理，那就是许多成就大事业的人，同样是甘于寂寞、忍受孤独，并在寂寞中不断充实自己，从一点一滴努力中创造和积累着成功所需的条件的人。

你值得拥有更好的自己，制订一张计划表，然后按照计划表进行学习，给自己充电。每天晚上做一次“三省吾身”，计划都完成了吗？还有想放弃的想法吗？是否还觉得幻想仍是幻想？

每一次，只要我们坚持下来，不间断地努力，终究会成功。寂寞是一种另类的自由，但如果和这种自由简单地融合，用来充实自己，那么等到寂寞和你真正融为一体的时候，你将失去寂寞，却点亮整个舞台。

8.跑龙套也不急，你要的岁月都会给你

“啊，你这不是跑龙套吗？”

听到这样的评价，许多人心里都会很难过。是啊，和自己一起毕业的同学都已经买房买车了，而自己还只是为了可怜的生活费在奔波着。心酸，难过，忍不住想问问上天：我的龙套还要跑多久？

其实，不用着急，踏实一些，你想要的岁月都会给你。只要你有信念，看得到前路的希望，就能坚持向前。

1983年，一部《射雕英雄传》火遍大陆。当时大陆很多村子都只有一台电视机，于是每天晚上全村人都会挤过去看《射雕英雄传》。不过，当年看该剧的人，应该想不到里面的某某龙套会在日后成为超级大牌。

重新看1983版的《射雕英雄传》，细心的观众会发现，刘嘉玲饰演华筝的侍女，且仅有一句台词“公主，驸马醒了”；吴镇宇饰演一个村民；欧阳震华既演陆乘风的一个家丁，又演了一个小乞丐；吴孟达饰演丐帮长老；刘德华出演一个大汗身边的小兵；喜剧之王周星驰也演了一个小兵，还演了一个冻得发抖、

一出场就被梅超风拍死的人；郑少秋饰演一个渔民。

虽然跑龙套的就像映衬红花的绿叶，但是也有享受阳光的权利。每一个跑龙套的、无关紧要的人，只要肯努力，只要会抓住机遇，总有一天也会成功。

在职场中，跑龙套的情况时有发生。尤其是刚毕业的大学生，工作经验少，只得到个无足轻重的岗位，便心理不平衡，觉得自己被埋没了。殊不知，是金子总会发光的，但前提是我们要把自己打磨成金子。

成功的职场人生应该是先跑龙套，再当演员，再做导演。熬过了所有的龙套、配角，才能成为荧幕上的主角。

杨青柠毕业后运气非常不错，进入了一家大型企业的综合管理部工作。刚开始她很兴奋，不过没多久她就发现这份工作太辛苦了。所谓综合管理部，就是什么都管：开会、人事调动、宣传，甚至连制作工资表的事都要兼做，而杨青柠专业学的是计算机，结果自己每天就好像是一个“丫鬟”一样，做非常多琐碎的简单工作。

更重要的是，办公室里很多人都对她招之即来挥之即去的。比如复印、发传真、接电话，开会时端茶倒水，聚餐时订房间等杂活都是她干。办公室里的一些老人一有事就喊她：“小杨啊，过来把这份文件送到11楼张总那儿。”杨青柠感觉大材小用了，自己在大学里虽算不上顶尖，也是非常优秀的，各种社团活动都负责过，而现在却在干着毫无意义的工作。

杨青柠越来越觉得自己像个“丫鬟”，她心里的气越来越大，没过多久，她就辞掉了这份工作。辞职的时候大家都很惊讶，但是杨青柠坚持表示自己在这里干不下去，辞了职再次踏上找工作的道路。

所谓“万丈高楼平地起”，没有哪个人一出道就“星途坦荡”的，无一不是从跑龙套开始在这一过程中“磨炼演技”。提高自己的能力和人脉，如果没有这样的日子，是不可能一步登天的，这段日子尤为宝贵，能让我们学到有益终生的能力。

所以要学会珍惜这种跑龙套的日子，有耐心，结束这种日子便用不了太久；没有耐心，眼高手低，那么连“露脸”的机会都没有，只能离自己的目标越来越远。

第十二章

慢慢走，真正的美好都是细水长流

1. 人生不是短跑，更像马拉松

人生或长或短，不同的阶段各有不同的经历。人生更是有着许许多多的起跑线，而人生不是短跑，不是简简单单的一个冲刺就可以完成；更像是马拉松。需要你全身心地投入。如果你的人生在前面冲刺时便用尽力气了，那你将如何面对后面的路？

有这样一个寓言故事。

一个人在树林旁边约会一个姑娘，姑娘还没有来，他突然发现旁边的长椅上有个闪闪发亮的东西，他拿起来一看居然是一块手表。他戴在手上，拨动了一下表针，没想到姑娘很快就出现在自己面前。他明白这块表原来有加速时间的能力，他不甘心只跟姑娘约会，他想：如果现在能跟姑娘结婚该多好啊。他拨动了表针，两人立刻出现在婚礼现场，他们结婚了。

他又再次拨动表针，一转眼，他的旁边就多了两个小孩子。他非常着急地拨动表针，不停地拨动着……猛然间发现自己已经白发苍苍，这时他很后悔了，可是这块手表没有时间倒退的能力……

著名摇滚歌手约翰·列侬曾说："当我们在为生活疲于奔命的时候，生活已经离我们而去。"现在，太多的人追求"快"，吃饭要吃快餐，坐车要坐快车，干什么都要提速，咖啡都要喝速溶的；网上还流行"三分钟看完一部电影""三分钟了解国际时事"等说法。这些充分说明了人们都在追求快。可是，如此着急必然会导致我们的生活越来越忙乱。

有人可能会说："做事情加快速度，节省下时间难道不好吗？"节省时间是正确的，可是我们节省下时间后便立刻马不停蹄地进行下一件事情，这样简直毫无意义。

2012 年，网络上爆红“梁朝伟喂鸽子”的新闻。新闻起源于一个网友的微博：“梁朝伟有时闲着闷了，会临时去机场，随便赶上哪班就搭上哪班飞机。比如飞到伦敦，独自蹲在广场上喂一下午鸽子，不发一语，当晚再飞回香港，当没事发生过。突然觉得这才叫生活。”

这则新闻让广大网友纷纷大呼梁朝伟是“文艺青年”，而梁朝伟也回应了这个新闻。他说：“我以前真有试过这样的，就是突然间无聊，然后就……我没有去伦敦，只是去纽约玩了几天；我也没有喂鸽子。当然，如果真的想喂鸽子，就会去喂。内心想做什么，就去做。”

梁朝伟坦言自己比较随性，喜欢跟着内心做事。梁朝伟还说：“我刚开始工作的时候，故意住在郊区，就是为了可以有开车上班的感觉。而且我以前常常开车围着香港周边转一圈，能看到很多跟城市里不一样的风景。”

马云曾说：路上走得不太急的人，我都用。

马云有个经典的比喻：“今天很残酷，明天更残酷，后天才会美好；但大部分人死在明天晚上。”一步一个脚印，不用过多地去到处寻找机会，每一步走得都不着急，但是坚持下来，却慢慢有了好运。

虽然机会在脚下，但是更多的是在我们一直牵着绳子的手中。就像有人说：“我有一种平静的心情，慢慢干，不断地琢磨，就像观赏绽放的花朵一样慢慢来欣赏自己的人生。”

平静的心态塑造了平静的劳动，更塑造了宠辱不惊的内心，塑造出劳动者的样子，劳动者有什么样子？劳动者的样子是有着足够耐心和坚持的，否则不但不会侍弄好庄稼，反而会伤害了幼苗。做事不要太急，如果太急，金山也会被你遗弃。

怀着一颗平常心，去做自己想做的事情，根除急躁的情绪。静下心来做事，或许会做到更好。如果让一个人走马灯似的行走在不同的领域，短时间还能应付，时间一长心境就难以平静，这样未必就有好结果。实际上，太急的生活不但增加不了财富，还会把心情搞乱。如果你是一个急性子，就要慢慢地改变自己的性格，找到属于自己的节奏。

2. 人生中没有没用的事情

在我们的人生旅途中，所出过的力，所流下的汗，一切的努力都不会白费。

肯定很多人都会懊悔当初浪费了好多时间，没有好好利用，等到以后却发现太晚了，根本没有时间去学习那些技能了。

高中时候，简帅有一次看F1方程式的比赛，忽然迷上了跑车。到了大学，简帅除了上课，只有一门心思地研究跑车。

他买了好多关于跑车的书，对任何一类跑车的性能都了如指掌，就是街面上随意过去一辆车，他都能如数家珍地说出性能。

虽然他的这一特长让很多人羡慕，但更多人觉得没用，和他所学的金融专业又不搭。不过简帅却不这么想，他觉得这些以后总会用上，哪怕和自己的工作无关，但至少是自己喜欢的兴趣。

毕业之后，简帅凭借自己对跑车的了解和喜爱，幸运入职一家关于汽车贸易的外企，并且很快得到领导的赏识。简帅说，他做梦也没想过要去做这份工作。别人更没想到他凭借自己的爱好就赢得了一份满意的未来。

只要是做自己喜欢的事情，就不算浪费时间。

虽然在大家看来，许多事情都是简单的，看上去似乎没用；但就是这些没用的事情，带给了你无法想象的快乐和满足。

寺庙里，一位身披袈裟的僧侣正在教授年轻的弟子们修习武功。

“师傅，扎马步一点儿用都没有，我想学习其他的武艺。”一个年轻的弟子说道。他看起来只有十二三岁，来到寺庙已经一个月了，但是这里的武学师傅只让他们做一件事——扎马步。

“没有用？居然还有人说扎马步没用？”武学师傅喝道，“来，站到梅花桩上来，你能把我推下去就算你赢。”

“赢了有什么好处吗？”年轻的弟子一听，连忙问道。

“赢了就不用扎马步了，但是输了，你今天就在梅花桩上扎马步到太阳落山，中午不许吃饭。”武学师傅笑眯眯地说道。

“哼。”年轻的弟子使劲往武学师傅的身上推去，可武学师傅坚如磐石，不动如山，任凭年轻的弟子怎么推就是纹丝不动。

“啊。”武学师傅仅稍微偏了一下身体，年轻的弟子就重心不稳地掉了下去。

《庄子·人间世》里提道：“人皆知有用之用，而莫知无用之用。”

先贤指明无用之用，无用之大用，这是人们不知道的。现在，人们都把有功利价值的称作有用，而把有审美价值的称作无用。殊不知，正是这些无用之用弥补了有用之用的不足。

生活中“有用没用”都只在你的一念之间，失败的味道虽然苦，但是其中包含的道理却是甜的。如果我们觉得失败的事情再继续就是做无用功，那么我们就把成功挡在门外了。做任何事，都有自身存在的价值和意义，昙花开四个小时，而且还在夜晚，但它依旧有存在的价值，告诉了人们美好的可贵。

综观古今中外，“有用”之物往往只是满足人们物质需求的产物，而真正推动人类社会发展与繁荣的，往往是那些“无用”的东西。所以，请在学会生存技能之后，用看似无用的东西来充实自己吧！

3.要把时间浪费在美好的事情上

古语有云：“一寸光阴一寸金，寸金难买寸光阴。”这是教导我们要珍惜生命的一分一秒，使自己的人生彰显出光华。

珍惜时间当然是对的。然而，珍惜光阴绝不等于一天24小时都要待在书房、实验室或工地上，而是必须懂得张弛之道，该抓紧的时候就认认真真做事，该放松的时候就痛痛快快“休假”。

有些时间是用来珍惜的，珍惜了，我们才可能达到人生的高度；有些时间是用来“浪费”的，“浪费”了，我们的脑力和体力才能发挥到极致。这样的“浪费”本质上却是另一种珍惜。

一直向前奔走，是否会感到疲倦？不妨停下来，留一点时间给自己去做美好的事，给自己一个体会温暖与幸福的时间，充满电、蓄积能量，再上路吧。

4.好好做你喜欢的事，并且把它做好

每个人都有属于自己的梦想，但不是每个人都在开始的时候就会做自己喜欢的事。其实，做喜欢的事，不论什么时候都不算晚，做喜欢的事，不要着急

成功，要相信你能把它做好。

“做你喜欢做的事，上帝会高兴地帮你打开成功之门，哪怕你现在已经 80 岁了。”这句话是美国著名的画家摩西奶奶在她 100 岁的时候写给日本的一位名叫春水上行（也就是以后的渡边淳一）的人的，她只是想表明，无论你心里想做什么，大胆地去做吧！不要管自己的年龄和生活状况，因为，你想做什么和你能否取得成功，与这些都没有什么关系。

兴趣是我们最好的引路人。很多大学生在学校不学习，毕业了又对工作不满意，就是因为不感兴趣。为了毕业好找工作，在大学里挑一个热门专业如计算机、互联网，结果发现自己根本对此提不起兴趣，白白荒废四年时光；等到毕业后找工作，继续这份不喜欢。

现实中，往往最愿意做的那件事，才是你真正的天赋所在。每个人都有属于自己的理想，但又有几个人愿意追随自己的理想前进？这世间多出了这么多碌碌无为的人，因为他们没有发现自己真正的天赋所在，正是心中所想，心中所愿。人生苦短，我们没有太多时间去做别人戏中的配角，我们要做自己的主角，不忘初心。

做比较喜欢的事情，是从找到喜欢的事情开始，从好奇心开始，多体验，多尝试，不用担心没有专业背景，只要用心去学，即使没有底子也能成功。关键不是做，是好好做，要把它认真、努力地做好。

如果你告诉别人你打算做你喜欢的事情，总会有人说，现在才做太晚了、没有专业知识太吃亏了之类的。但是你要相信，“现在”比以后更早，“现在”才是最恰当的时候。对于一个真正有追求的人来说，生命的每个时期都是年轻的，都是来得及的。

找到并且努力去做你喜欢的事情，努力把它做好，这才是生命的意义和价值。

5.品味生活中的“禅境”

“采菊东篱下，悠然见南山。”陶渊明的田园生活悠然闲适，怡然自得，这份“不为五斗米而折腰”的淡泊明志让人敬佩，很多人羡慕陶渊明走进禅境，走进最从容的生活。

禅心的世界即是无争。当下的人们生活压力太大，生活节奏太紧，很难让自己保持平常心，那又如何走进禅境呢？利欲熏心者，贪图富贵者，没有一颗澄澈的心，就无法做到宁静清净，质朴无瑕，也无法走进禅的世界。

有好多天，一休和尚独坐参禅，默然不语。师父看出其中玄机，微笑着领他走出寺门。寺外，一片大好的春光。放眼望去，天地间弥漫着清新的空气，半绿的草芽，斜飞的小鸟，动情的小河……

一休深深地吸了一口气，偷窥师父，发现师父正安详地打坐于半山坡上。一休有些纳闷，不知师父葫芦里卖的什么药，但也跟着打坐。

过了一个下午，师父起身，没说一句话，打个手势，回到寺内。一休不明白师父的旨意，独坐门外，思悟师父的意思。

很快天色就暗了下来，雾气笼罩了四周的山冈，树林、小溪、鸟语水声也不再明晰。这时，师父在寺内朗声叫一休的名字。

一休推开寺门，走了进去。

师父问：“外面怎么样？”

“全黑了。”

“还有什么吗？”

“什么也没有了。”

“不，”师父说，“外面清风、绿野、花草、小溪……一切都在。”

一休忽然领悟了师父的苦心。

禅生活即是自在。自由自在的生活人人向往，但这只是外在的自由，真正的自由是心灵的自在，没有枷锁，简简单单的自在。当下的人们生活状态无非就是忙碌、茫然和盲目。日复一日地奔波，不给自己一点放松的机会；不知生活为何，却又年复一年地劳作；看不清人生的方向，又不会停下来思考而到处乱撞。

当下的人似乎更在乎物质，毕竟，足够的物质才能满足生活必需和精神所需。然而物质虽然重要，却不能带你走进禅的境界。

2013 年 9 月 10 日，101 岁的杜道生老先生仙逝。1937 年就读北京大学师承钱穆、胡适、闻一多等大师的杜道生，被誉为“中国汉字的守护者”。

100 年的时代变迁并没有在他身上留下什么印记，因为他一直活在《论语》《庄子》古籍里的时代。他拒绝电视、电话、冰箱甚至味精和洗衣粉。在他老旧的仅几十平方米的住房里，除了书籍就是琴谱、笔墨纸砚。

直到去世，杜道生睡的还是 60 年前的一张高低床，木头的床体连一层油漆都未刷。床下放的搪瓷脸盆是他母亲留下的。放在床头的书，有许多是民国年间出版的。就连他读书的方式也和今人不同——每天上午用毛笔抄书，笔下写的，永远是繁体字。

杜道生先生犹如当代颜回，“一箪食一瓢饮，居陋巷，生亦不改其乐”。也许因为轻物，杜老活在精神的世界里，活在禅境里。

禅生活是一种慢生活，禅并不是想象中的玄妙莫测，只是简简单单的生活，没有太多不可思议。现在，各种交通工具便捷，却没有给人们更从容的时间，反而更加紧张。人们普遍紧张、忙碌。禅生活是在慢境中生起的，也只能在慢生活中体验禅的滋味。慢，是一种舍得；慢，是一种放下；慢，是一种从容；慢，是生活的高明；慢，是禅的开始。

放慢脚步，放下心灵的包袱，走进禅的生活，体验禅境的百味人生，找回心灵的净土。远方的笛声悠扬，夜晚的灯火难明，我们一起数天上的星星，回归古老的禅心。禅是一枝半开的白莲花，在你的心中一直等待，等待你禅者归来。

6.抽时间牵着蜗牛去看看风景

我们经常说抽时间给你打电话，抽时间回家看看，抽时间聚聚。可是，作为自己的掌控者，作为时间的主人，我们为什么就连打电话的时间都要抽出来呢？

记得有一次，我和一个不经常见面的朋友聊天，才知道两人竟然在同一个城市，然后顺口一说"抽时间吃个饭"。当时完完全全是顺口一说，但是对方却立刻回答道："这周末吧，周末的两天空。"这下轮到我蒙了，因为我的周末计划已经安排好了，根本就没有吃饭的空当。所以我只好说："我周末有事，吃饭的事不着急，下次吧。"就这样，时间越过越久，说好的下次一直没有实现，不是吃饭的空当抽不出来，而是对方找借口不见了……

人活一生，不长也不短，难道非要等到六十岁迈不动步时才肯放慢脚步，去欣赏身边的风景？

著名作家张文亮写过一篇别具匠心的散文：上帝给我一个任务，叫我牵一只蜗牛去散步。我不能走得太快，蜗牛已经尽力爬，每次总是挪那么一点点。

我催她，我唬她，我责备她，蜗牛用抱歉的眼光看着我，仿佛说："人家已经尽了全力！"我拉她，我扯她，我甚至想踢她，蜗牛受了伤，她流着汗，喘着气，往前爬。真奇怪，为什么上帝叫我牵一只蜗牛散步？

"上帝啊！为什么？"天上一片安静。

"好吧！松手吧！反正上帝不管了，我还管什么？任蜗牛往前爬，我在后面生闷气。"

"咦？我闻到花香，原来这边有个花园。我感到微风吹来，原来夜里的风这样温柔。慢着！我听到鸟声，我听到虫鸣，我看到满天的星斗多亮丽。咦？以前怎么没有这些体会？我忽然想起来，莫非是我弄错了！原来上帝是叫蜗牛牵我去散步。

现在，因为社会的快速发展，每个人的生活都是快节奏的，从上班到下班，即使沿途有最美的风景，我们也只是匆匆而过，无暇看一眼。我们好像变成了时间的奴隶，金钱的奴隶，每天都在忙忙碌碌。

停下脚步，我们可以欣赏沿途风景的秀美，可以体验山川的雄伟，可以打扰花鸟的交谈。我们的心可以得到放松，更好地体味家的温馨，感受父母的柔情。因为我们都知道，停下来的机会太少。

有个好莱坞的歌手，曾经说："当我年轻的时候，急急爬到山顶上，就像参加赛跑的马，戴着眼罩拼命往前跑，除了终点的白线，什么都看不见。祖母看见我这样忙，很担心地说，'孩子，别走得太快，否则，你会错过路上的好风景！'

"我根本不听她的话，心想，一个人，既然知道要怎么走，为什么还要停下来浪费时间呢?

"我继续往前跑，一年年过去了，我有了地位、名誉和深爱着的妻子。可是，我并不像别人那样幸福，我不明白我做错了什么？"

这位歌王继续说:“有一次，一个歌舞团在城外表演，我是主角，当表演完了，观众的掌声久久不停。这一次表演很成功，我们都很高兴。可是这时候有人递给我一份电报，是我妻子拍来的，我们的第四个孩子出生了。突然，我觉得很难过，每一个孩子的出生，我都不在家，我的妻子，独自承担着养育孩子的辛苦。

“我从来没看过孩子们走第一步的样子，他们天真的哭、笑，我都没听过，只有从母亲那里，得到间接的描述。

“我想起祖母对我说的话，的确，我好久没去摸书本，或者看看花园里的树木。我曾经答应和妻子一起去度假，总因为忙碌而取消了。”

每个人都不应错过身边最美好的风景，家人是你这一生最宝贵的财富，不值得让快节奏的生活代替他们，抽个时间牵着蜗牛去看看风景。

吃饭时慢一点，多品味饭菜中蕴藏的那份温馨；走路时慢一点，多去体味空气中弥漫的那份浪漫。

抽时间去看看书，享受一下休闲时光；抽时间回回家，感受一下家的温情；抽时间去看看朋友，感谢岁月带给我们的友谊。

放慢脚步，去体验别人不能体验的景致，去享受别人不能享受到的幸福。

7.最浪漫的事是陪你慢慢变老

“我能想到最浪漫的事，就是和你一起慢慢变老。”自从1994年这首歌发行之后，很快便风靡大江南北，直到二十多年后的今天依旧广为传唱。

自那首歌出现之后，世界上“最浪漫的事是什么”这个问题的答案就变成了唯一——最浪漫的事是陪你慢慢变老。这引起了太多人的响应，掀起了太多人内心的波澜。从此，我陪着你，直到白首。

最浪漫的事是陪你慢慢变老。我们从生下来就开始向着人生的尽头靠近，而我，愿意陪着你，看着沿途的风景，慢慢变老。

李诚警校毕业，身材魁梧，长相英俊；赵新柔性格开朗。两个人偶遇在美丽的天山山脉，用半年的时间建立了恋爱关系。但一年之后，李诚被分配到边疆的哨所，而赵新柔则被分配到中部城市，两个人天各一方。

哨所的工作寂寞枯燥，赵新柔就坐十几个小时的火车来看李诚。李诚则带她游遍新疆，看大漠黄沙，看巨大的胡杨树，不过由于赵新柔工作繁忙，她来的次数越来越少，两个人只好互通书信，由于地处偏远，一个月能收发两三封信就非常不错了。李诚把对赵新柔的思念全写到信里，写了好多封信。赵新柔的朋友都劝赵新柔："你说你找谁不好，非要找个当兵的，现在你俩分隔这么远，将来能在一起吗？"

赵新柔从来都不反驳她们，只是笑一笑，然后认真地给李诚回信。就这样过了三年，李诚离开了哨所，跟赵新柔结了婚，两个人相濡以沫。没过多久，李诚又被分配到深圳工作，而赵新柔则赶往新疆，并生下了儿子，他们又开始写信传递思念；又是五年过去，李诚终于能够回到新疆工作，一家三口过上了幸福的生活。

在人生的旅途当中，我们不能只顾着自己赶路，却忽略了身边的美好。我们应该慢下来，不必那么着急，因为身边有我们最爱的人，他们需要我们的陪伴和守护，这是最浪漫的美好。

作家三毛曾说："云淡风轻，细水长流，才是爱情。"年轻人的爱往往炽热冲动，会为彼此做一些很疯狂的举动，为了证明自己的爱情。不过，当这种热情逐渐消退后，能够把爱情转换成细水长流的两个人，才能够长久地在一起。建立爱情关系之前，慢慢考察对方，相爱之后，慢慢地把感情放长，慢慢地融入彼此的生活，结婚过后也要慢慢生活。

爱情并不仅是华丽的楼阁，更多时候它会转化成一种无言的情感，真正相爱的两个人并不需要过多言语的交流，就懂得相互搀扶，懂得相濡以沫。1994年，美国前总统里根患上阿尔茨海默病，便不再在公众面前露面，妻子南希毫无怨言地担负起照顾丈夫的重担。随着病情日益严重，里根开始遗忘过去，连妻子也不认识了。但是妻子一直默默陪伴在里根的身旁，直到2004年6月里根去世。这就是慢慢相爱的意义，正如歌词中所唱的："我能想到最浪漫的事，就是和你一起慢慢变老。"

爱情要细水长流，不能太热，也不能太冷。在爱情的世界里不能浮躁，不能轻易被小小的磨难所击退，我们要懂得细水长流，正如那句诗所说："两情若是久长时，又岂在朝朝暮暮？"相濡以沫、一起到老并不难，关键就在于一个"慢"字，爱情中一切不着急，终会收获属于自己的果实。

8.慢下来，才能保持充沛的精力

生活，就是越忙越急，越急越焦躁，越焦躁就越疲劳。为了保持更加充沛的精力，我们应该放慢生活的节奏，学会合理地休息，防止焦虑，也就会防止疲劳。

从事体力劳动的人，如果休息时间多的话，每天就可以做更多的工作。佛德瑞克·泰勒，在贝德汉钢铁公司担任科学管理工程师的时候，就曾用事实证明了这一点。

他曾经观察过，工人们每人每天可以往货车上装大约12吨半的生铁，而他们一般在中午就已经筋疲力尽了。他对所有产生疲劳的因素，做了一次科学性的研究，认为这些工人不应该每天只送12吨半的生铁，而应该每天装47吨。

照他的计算，他们应该可以做到目前成绩的四倍且不会疲劳，但他必须加以证明。

他从搬运工里选了一位施密特先生，让他按规定时间来工作，由专人来指挥他："现在搬起一块生铁，走……现在坐下休息……现在走……现在休息。"

结果其他人每天只能搬12吨半，而施密特却能搬47吨。在长达三年的时间里，他的工作能力从未减弱过，这是因为他在疲劳之前就有时间休息：每小时他大约工作26分钟，而休息时间却有34分钟。他休息的时间要比工作时间多，可是他的工作成绩却差不多是别人的四倍！

合理的休息彻底地释放了疲劳，缓解了快节奏的生活带给我们的压力，并让我们的生活节奏逐渐变慢，能够提高效率，这难道不是一件好事吗？

慢下来，才能保持充沛的精力。英国最有名的心理分析学家海德费在他的《权力心理学》里说："我们感到的大部分疲劳，都是心理影响的结果。实际上，纯粹由生理引起的疲劳是很少的。"

疲劳的根本原因就是情绪的变化会引起身体的紧张，从而形成疲劳。大都会人寿保险公司指出："忧虑、紧张和情绪不安，是导致疲劳的三大原因。"

所以，我们集中注意力进行思考的时候会使得全部的肌肉用力，皱着眉头，耸着肩膀，这样只会让情绪得不到缓解，从而形成疲劳。因此，我们应该让自己放松，逐渐使肌肉得到缓解，并且释放情绪压力，这样才会缓解疲劳，从而更好地完成工作。

第二次世界大战期间，丘吉尔已60多岁了，却能每天工作16小时，他的秘诀在哪里？他每天早晨在床上工作到11点，他看报告、口授命令、打电话甚至在床上召开会议。午饭之后他还要睡一小时。晚上8点的晚餐以前还要在床上睡两小时。他并不是要消除疲劳，因为他根本不用去消除，他事先就防止了疲劳。因为他经常休息，所以能很有精神地一直工作到半夜以后。”

在短短一点儿时间的休息当中，身体有着非常强的恢复能力，所以即使只有五分钟的睡觉时间，也有助于防止疲劳。

在快节奏的生活中，我们不能在疲劳之前去休息，但是我们却能规划下班时间，可以适当地休息一会儿，放慢工作的紧张状态，放松自己，然后用更好的精神去完成接下来的工作。

成功不是一朝一夕的，要有耐心，脚踏实地，善于等待，做好眼前的每一件事情，并且做好时间上的安排。工作要有休息的时间，有次序，有重点，方能张弛有度，忙而不乱。看起来虽“慢”而“轻松”，但结果令人满意。

放慢速度并不是说拖延时间，支持懒惰。要制订计划并且落实，监督自己，不为无意义的事情浪费时间。放慢速度，只是让自己得到更多的休息和缓解，保持充沛的精力，从而更好地工作。

9.慢慢走，欣赏啊

我们生长于这个世界，可有足够时间去观察这个世界吗？上学时奔走在学校和补习班里，毕业后奔走在单位里，哪里有什么时间去观察世界。

据说阿尔卑斯山山脚下竖有一块牌子，上面写着：“慢慢走，欣赏啊！”美学大师朱光潜说：“许多人在这车水马龙的世界过活，恰如在阿尔卑斯山谷中乘汽车兜风，匆匆忙忙地疾驰而过，无暇回首流连风景，于是这丰富华丽的世界便成为一个了无生趣的囚牢。”

珍惜时间、高效做事是正确的，但是切不可因此忘记了生活的本质，不要把自己置于忙碌。以旅游为例，急匆匆地路过又有什么意义呢？生活里是如此，走得太快你就看不清沿途的风景，一路向终点冲去，这样的人生又有什么收获呢？

朱光潜在文章中提到：艺术是情趣的活动，艺术的生活也就是情趣丰富的生活。

人可以分为两种，一种是情趣丰富的，对许多事物都觉得有趣味，而且到处寻求享受这种趣味；一种是情趣枯竭的，对于许多事物都觉得没有趣，也不去寻求，只终日拼命和蝇蛆在一块争温饱。后者是俗人，前者就是艺术家。情趣愈丰富，生活也愈美满，所谓人生的艺术化就是人生的情趣化。

“学得有趣味”就是欣赏。你是否懂生活，就看你对于许多事物能否欣赏。欣赏也就是“无所为而为的玩索”。在欣赏时，人和神仙一样自由，一样有福。

因此，不用着急地一味往前，适当地欣赏身边的风景，你会发现，驻足的地方值得你停下来。

慢一点儿，生活中充满了各种琐碎之事，如果你只是简单地处理或许会感觉到心中的烦乱，但是如果你停下来，慢慢地去整理这些琐事，你会发现其中的乐趣。

日本作家芥川龙之介曾说过这样一段话：“为使人生幸福，必须热爱日常琐事——云的光彩、竹的摇曳、雀群的鸣声、行人的脸孔——需从所有日常琐事中体味无上的问题，为使人生幸福，热爱琐事之人又必须为琐事所苦……为了微妙地享受，我们又必须微妙地受苦。”

我们总是感到时间紧迫，因而要加快做每一件事情的速度。速度的确能够提高效率并创造财富，没有谁能否认这一点。然而“快”并不等同于“高效”，在很多时候，“快”只会让我们手忙脚乱、头昏脑涨。我们越是急于完成就越理不清头绪，不停返工，一塌糊涂，所以说“欲速则不达”。只有冷静下来，从容地思考，才会事半功倍。因此，“慢”有时比“快”更能让我们接近成功。

一只小老鼠在拼命奔跑，乌鸦见了，问：“小老鼠，你干吗跑得那么急？歇歇脚吧。”“我不能歇，我急着看看这条路的尽头是啥模样？”小老鼠回答说。

乌龟见了它，问道：“你干吗跑这么急？来晒晒太阳吧”。

“不行。我急着跑到这条路的尽头，看看究竟是啥模样？”老鼠回答。

一路上，小老鼠拼命奔跑，从来不敢停歇，直到有一天它终于跑到了路的尽头，碰到了一棵大树桩，停了下来。

“原来路的尽头就是一棵树桩啊，真没劲！”小老鼠叹息道，“早知这样，好好欣赏欣赏沿途的风景，该是多美好啊……”

小老鼠后悔了，但是这时，它已经老得再也跑不动，甚至连眼皮都抬不起来了，垂垂老矣！想来碌碌一生，只顾奔跑，却无暇享受生活，真是追悔莫及。

许多人在这车水马龙的世界过活，匆匆忙忙地疾驰而过，对于身边的风景都无暇回首。在快节奏里不停地奔波，麻木的表情、飞快的脚步，都已经让这个繁华的世界变成了那了无生趣的牢笼。

每个人都曾相信幸福就在前面，但是等到回过头才发现，原来幸福就在走过的点滴之间。时间不能停留，但是我们可以驻足，偶尔的一瞥，就能看到生活回报给我们的笑靥。

慢慢走，欣赏啊！我们要顺其自然，顺应日月运行，顺应四季变化，慢慢走并不是要变得慵懒和散漫，而是一种慢心态，自然而从容。就像著名作家金庸老先生说的一样：人要善于有张有弛。武打小说打一会儿，就要吃饭，谈情说爱，不能老是很紧张，要像《如歌的行板》韵律一样，有快有慢，这样对健康很有好处。